山西省晋城市矿山地质环境保护与研究

戴　兴　主编

黄河水利出版社

·郑州·

内 容 提 要

本书通过开展晋城市矿山地质环境调查工作，查明晋城市所属6个县（市、区）主要矿山地质环境问题及危害，尤其是灾害隐患的类型、规模、危害，矿业开发对地下水资源特别是地下水系统的影响与破坏，矿山开发对土地资源和地形地貌景观的影响与破坏和矿山环境污染问题，分析评价矿产资源开发对地质环境的影响，提出具体的矿山地质环境保护与治理对策措施。

本书可供矿山企业管理人员和从事地质环境保护与矿山地质环境勘查、设计、治理、施工人员及相关专业院校师生参阅。

图书在版编目（CIP）数据

山西省晋城市矿山地质环境保护与研究/戴兴主编．—郑州：黄河水利出版社，2021．2
ISBN 978-7-5509-2928-9

Ⅰ．①山…　Ⅱ．①戴…　Ⅲ．①矿山地质-地质环境-环境保护-晋城　Ⅳ．①TD167

中国版本图书馆CIP数据核字（2021）第031753号

出 版 社：黄河水利出版社　　网址：www.yrcp.com
地址：河南省郑州市顺河路黄委会综合楼14层　邮政编码：450003
发行单位：黄河水利出版社
发行部电话：0371-66026940、66020550、66028024、66022620（传真）
E-mail：hhslcbs@126.com
承印单位：广东虎彩云印刷有限公司
开本：890 mm×1 240 mm　1/32
印张：4.375
字数：110千字
版次：2021年2月第1版　　印次：2021年2月第1次印刷

定价：30.00元

本书编委会

主编：戴兴

副主编：郭立霞　张森林　崔立东　黄科辉　张云涛　张建峰　秦宁　张夙

编委：（按姓氏笔画排名）

王清菊　卢俞杰　卢玉荣　田林杰
田浩　白鸿祖　冯亚举　冯攀
朱芳香　刘文涛　刘凯　杜学良
李松晓　李耀辉　杨永军　杨国芳
何铖　汪谋　张旭　张金星
张勇　张朝辉　陈鑫　周子庆
郑晓良　赵建　胡碧波　贺振宇
聂体斌　高欢　郭威　郭彦彦
唐自强　黄金亚　崔孝飞　康亚利
梁亚楠　韩新明　景丽媛　谢颜军
蔡二贝　雒战锋　翟文辉　樊子玉

前　言

晋城市位于山西省东南晋豫两省接壤处,西与运城市、临汾市比邻,北依长治市,南部和东南部与河南省济源市、焦作市、新乡市交界,地理坐标为东经 111°56′05″~113°37′15″,北纬 35°11′12″~36°13′56″,东西宽约 160 km,南北宽约 100 km,下辖城区、泽州县、高平市、阳城县、陵川县和沁水县,总面积 9 490 km^2,其中山地、丘陵区面积占全市总面积的 86.9%。全市总人口为 234.31 万人,总耕地面积为 283.38 万亩(1 亩 = 1/15 hm^2,全书同)。

晋城市是典型的矿业资源型城市,矿产资源的开发在保障经济社会发展的同时,也引发了较多的矿山地质环境问题,破坏了生态环境,影响了人民的生产生活。为了贯彻落实"必须树立尊重自然、顺应自然、保护自然"的生态文明理念,加强矿山地质环境的恢复与治理,避免或减少地质灾害造成的损失,促进国民经济持续、健康发展,形成"不欠新账,快还老账"的新局面,根据《关于加强矿山地质环境恢复和综合治理的指导意见》《矿山地质环境保护规定》《山西省晋城市矿山地质环境调查成果报告》《晋城市矿产资源总体规划(2016—2020 年)》,本书通过开展晋城市矿山地质环境调查工作,查明晋城市所属 6 个县(市、区)主要矿山地质环境问题及危害,尤其是灾害隐患的类型、规模、危害,矿业开发对地下水资源特别是地下水系统的影响与破坏,矿山开发对土地资源和地形地貌景观的影响与破坏及矿山环境污染问题,分析评价矿产资源开发对地质环境的影响,提出具体的矿山地质环境保护与治理对策措施。本书明确地质灾害隐患问题的防治措施、预期成效;土地破坏中,可利用、可恢复土地的类型、面积等;废水排放中,可利用废水量、利用方向等建议;废渣排放中,可利用固废量、利用方向,堆放场(尾矿库)处置措施等建议,为合理开发利用矿产资源、矿山地质环境保护和矿山地质环境监督管理提供依据。

由于编者水平有限,书中难免存在不当之处,请广大读者批评指正。

作　者

2020 年 10 月

目　录

第一章 绪 论

第一节 研究背景

晋城市位于山西省东南晋豫两省接壤处,西与运城市、临汾市比邻,北依长治市,南部和东南部与河南省济源市、焦作市、新乡市交界,地理坐标为东经 111°56′05″~113°37′15″,北纬 35°11′12″~36°13′56″,东西宽约 160 km,南北宽约 100 km,下辖城区、泽州县、高平市、阳城县、陵川县和沁水县,总面积 9 490 km^2,其中山地、丘陵区面积占全市总面积的 86.9%。全市总人口为 234.31 万人,总耕地面积为 283.38 万亩。

晋城市主要地质灾害类型有滑坡、崩塌、泥石流及地面塌陷等 4 种。截至 2020 年 6 月,全市发生的崩塌、滑坡、泥石流、采空地面塌陷 221 处,地质灾害造成的直接经济损失达 21 249.13 万元,其中,采矿诱发地面塌陷地质灾害造成的经济损失最大,为 18 305.35 万元。全市现有地质灾害隐患点 324 处,地质灾害隐患点威胁人员 22 922 人,威胁财产总额 135 606 万元。

324 处地质灾害隐患点中,崩塌(含不稳定斜坡)141 处,其中不稳定斜坡 2 处,滑坡 77 处,泥石流 7 处,采空地面塌陷 99 处。地质灾害隐患点分布区涉及全市 6 个县(市、区)的 70 个乡(镇)。

晋城市地质灾害隐患点按行政区划分,城区 12 处、泽州县 54 处、高平市 32 处、阳城县 104 处、陵川县 65 处、沁水县 57 处,主要诱发因素为采矿、切坡修房、切坡修路等不良工程活动,在降雨作用下存在地质灾害发生的隐患。地质灾害隐患点按规模等级划分,特大型1处、大型13处、中型81处、小型229处;按险情等级划分,特大型2处、大型7处、中型55处、小型260处。

因此,对山西省晋城市矿山地质环境进行调查研究。调查项目由晋城市城区、泽州县、陵川县、高平市、阳城县、沁水县矿山地质环境调查项目等6个子项目组成。

第二节 面临的形势与要求

一、历史遗留问题多,治理任务艰巨

晋城市矿山开采时间长,废弃矿山点多面广,计划经济时期遗留问题严重,大多数矿山治理责任人灭失,矿山地质环境恢复治理任务繁重。尽管中央和省财政“十二五”期间投入资金进行了部分治理,但投入依然不足,治理率偏低。晋城市计划经济时期历史遗留矿山由于采矿活动破坏土地面积1 334.07 hm^2,发现各类地质灾害27处,破坏房屋242间,直接经济损失1 346.5万元。

同时由于多数煤矿采取分层开采,煤矿企业生产存在塌陷地再次塌陷问题。非煤矿山露天开采压占破坏土地复垦与恢复率不高,景区及主要交通干道景观破坏问题依然严峻,要彻底解决矿山地质环境问题,任务繁重而艰巨。

二、“不欠新账,快还老账”目标短期内难以形成,机构改革压力依然存在

晋城市作为矿业资源性城市,由于历史遗留问题较多,特别是晋城市“三区两线”范围内露天采石场的开采对地形地貌景观的破坏程度严重,部分采坑边坡高度较大,治理难度较大,同时财政资金紧缺,难以形成“快还老账”的新局面。同时现状条件下,由

于煤矿开采过程中，煤层塌陷需要一定的稳定期如1~2年，因此煤矿开采过程中，地面塌陷、地裂缝地质灾害的形成有一定的滞后期，“不欠新账”也较难实现。

现状条件下，正处于机构改革的关键阶段，矿山地质环境保护与恢复治理方案和土地复垦监管实施的主体尚不统一，矿山地质环境恢复治理和土地复垦治理过程中，需要各个部门的统一协调，才能保证此项工作的顺利实施。

三、矿产资源需求持续增长，矿山地质环境保护压力不断加大

预计到2025年，晋城市国民经济将保持较快增长，预期年均经济增长速度将达到7%以上，人口自然增长率为3.0‰，城市化水平为54%，矿产资源需求持续增长。到2020年，煤炭需求量为5 700万t，陶瓷黏土矿200万t，石灰岩用量约为1 000万t。到2030年，矿产资源需求将进一步增加，矿产资源勘查开发活动强度仍然较大。矿山勘查开发活动将会产生新的矿山地质环境问题，矿山地质环境保护与治理的压力持续增加。

四、矿山地质环境恢复基金制度需与时俱进，有待建立完善

矿山地质环境恢复治理基金是约束矿山企业有效保护和恢复治理矿山地质环境的一项重要措施，是改变矿山企业忽视或牺牲环境开发矿产资源行为的有效方法，是解决“确保不欠新账，逐步偿还旧账”问题的重要制约机制。但是，这项制度晋城市还有待建立并逐步完善，如矿山企业未在指定银行开设基金账户，晋城市大部分企业未缴纳矿山地质环境恢复治理基金，矿山“边开采、边治理”的模式受矿山企业有开采权但不具有治理资质的制约导致

无法实施,核定方式不足等,需要相关部门联合出台可操作的“矿山地质环境恢复治理基金管理办法”,完善基金缴存及使用方法。

第三节　研究的目的和内容

一、研究目的

通过开展晋城市矿山地质环境调查工作,查明晋城市所属6个县(市、区)主要矿山地质环境问题及危害,分析评价矿产资源开发对地质环境的影响,提出具体的矿山地质环境保护与治理恢复对策措施,为合理开发利用矿产资源、矿山地质环境保护和矿山地质环境监督管理提供依据。

二、研究内容

(1)对晋城市境内的矿山基本情况进行整理。

(2)矿山开发引起的地质环境问题、影响和危害,以及可利用性、可恢复治理性整理汇总,包括以下几项:

①矿山地质灾害的类型、规模、损失及危害,尤其是灾害隐患的类型、规模、危害。

②矿业开发对地下水资源特别是地下水系统的影响与破坏。

③矿山开发对土地资源和地形地貌景观的影响与破坏。

④矿山环境污染问题:固体废弃物(废石、尾矿、煤矸石等)堆放和废水(矿坑水、选矿废水、洗煤水、堆浸废水等)排放对土壤和水体的污染和生态环境的破坏等。

(3)矿山地质环境治理措施及效果汇总整理:

①矿山地质灾害防治措施及效果。

②矿山土地复垦与生态恢复成效。

③矿业废水、废渣综合治理与效果。

④矿区地下含水层的保护与修复。

(4)分析评价矿山地质环境影响程度。

(5)针对区域特征、矿产资源赋存开发特征等,分析本区域、本矿山矿产资源开发地质环境效应。

(6)提出具体矿山地质环境保护与治理对策措施。明确地质灾害隐患问题的防治措施、预期成效;土地破坏中,可利用、可恢复土地的类型、面积等;废水排放中,可利用废水量、利用方向等建议;废渣排放中,可利用固废量、利用方向,堆放场(尾矿库)处置措施等建议。

(7)建立矿山地质环境调查数据库。

第四节　研究的指导思想、基本原则

一、指导思想

以党的十八大、十九大和习近平总书记系列重要讲话精神为指导,牢固树立"创新、协调、绿色、开放、共享"的发展理念。大力构建政府、企业、社会共同参与的矿山地质环境恢复和综合治理新机制,稳步推进矿山地质环境治理,统筹安排区域内矿产资源勘查、开发、保护等各项工作。尽快形成生产矿山和历史遗留等"新老问题"统筹解决的恢复和综合治理新局面,以开展国家低碳城市试点、国家循环经济示范城市创建为契机,以构建生态文明制度体系为抓手,以转变经济发展方式为主线,坚持低碳、清洁、循环、绿色发展理念,全面节约和高效利用资源,为推进生态文明建设、建设美丽晋城做出新的贡献。

二、基本原则

（一）预防为主，防治结合

强化资源管理对自然生态的源头保护作用，编制实施矿山资源规划，严格矿产开发准入管理。遵循“在开发中保护、在保护中开发”的理念，严格生产过程监管，严格责任追究，把矿山地质环境恢复治理落实到矿产开发“事前、事中、事后”的全过程，使晋城市矿山地质环境在规划期内有明显的好转。

（二）不欠新账，渐还旧账

切实加强矿山地质环境监管，确保新建矿山和生产矿山不欠新账；构建矿山地质环境恢复治理激励机制，引导鼓励社会投资，逐步还清旧账。

（三）明确责任主体

按照“谁开发、谁保护，谁破坏、谁治理”的原则，新（改、扩）建等责任主体明确的矿山，由采矿权人履行矿山地质环境保护责任，按照备案的开发利用方案、矿山地质环境保护与恢复治理方案和土地复垦方案，按照“边开采、边治理”的原则，实施矿山地质环境保护与治理恢复工程，确保矿山活动引发的矿山地质环境问题得以全面恢复，不欠新账。历史遗留的或责任人灭失或因政策原因关闭的矿山，由政府承担治理恢复责任。按照“谁投资、谁受益”原则，鼓励社会参与矿山地质环境保护与治理恢复。

（四）突出重点，分步推进

晋城市矿产资源开发时间长，矿山地质环境问题点多面广，治理恢复工作任务繁重。按照轻、重、缓、急，分步实施，加强重点区域的矿山地质环境调查、监测、治理和监督管理，着力解决“三区两线”可视范围内存在突出影响的矿山地质环境问题，改善矿山地质环境现状。

（五）科技引领，绿色发展

鼓励矿山企业与相关机构开展治理恢复技术科技创新。以科学技术为先导，依靠科技进步，发展循环经济，建设绿色矿山。应用新理论、新技术、新方法，针对矿山地质环境重点治理区、重要矿山地质环境问题做好科学试验研究，以科研保治理、以治理促科研，治本为主、标本兼治，达到开发利用与环境保护的统一。

第五节　研究思路、研究方法和成果

一、研究思路

按照《市、县矿山地质环境调查技术要求（试用稿）》（2016年12月），本次晋城市矿山地质环境调查工作总体部署为：收集、分析县级调查成果资料，汇总编制市级调查成果报告。具体流程为：收集资料→县（区）级矿山地质环境调查→各县（区）调查成果资料汇总→部分典型矿山地质环境问题实地核查→综合研究→建立市级矿山地质环境档案→编制市级调查成果报告→建立市级矿山地质环境管理数据库。

矿山地质环境调查工作程序见图1-1。

二、研究方法

在充分收集资料的基础上，以资料收集为主、实地核查为辅，对晋城市内所有矿山企业进行核查；将取得的资料和全国矿山地质环境集中开采区调查信息系统数据库资料集合，实现资料汇总整理。在此基础上，通过对资料归纳整理，对矿山地质环境现状进行分析和矿区地质环境影响评价，分析矿山地质环境主要问题，预测其发展趋势，提出矿山地质环境保护及矿山生态环境恢复治理对策建议。

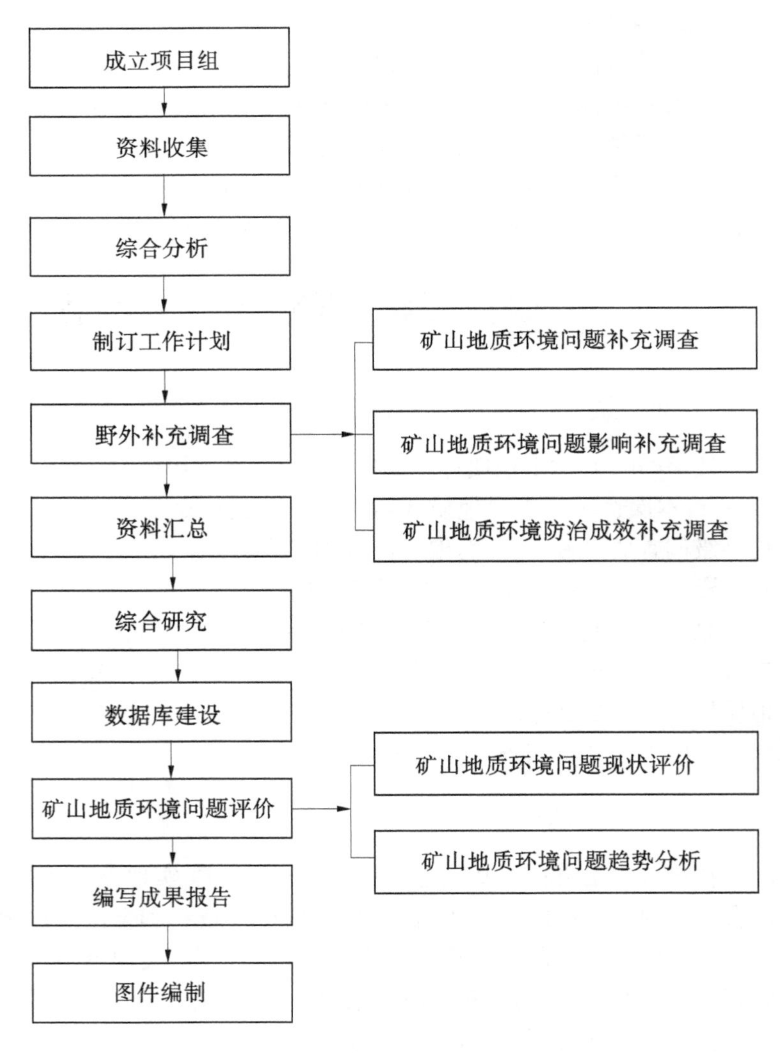

图 1-1　矿山地质环境调查工作程序

(一)资料收集

1. 收集渠道

主要通过国土、水利、环保、林业、交通、气象、规划等行业部门收集有关资料。

2. 收集方法

由项目组中当地国土资源局相关配合人员联系当地的国土、水利、环保、林业、交通、气象、规划等行业部门和矿山企业，收集所需资料。

(二)矿山资料核查

1. 核查形式

由项目组成员联系各县(区)国土资源局、矿山企业和各县(市)矿山地质环境详细调查作业单位，开展矿山地质环境核查。

2. 核查方法

以收集资料为主、实地核查为辅，追索主要的环境地质问题及影响范围，确保资料准确性。

(三)县级调查成果资料汇总、综合整理与市级调查成果报告编制

(1)县级调查成果、数据资料的收集、汇总、归类整理与分析。

(2)将野外调查表进行系统整理、数据统计汇总。

(3)根据每座矿山的实际情况，对矿山地质环境问题与矿山地质环境质量进行评价。

(4)在综合研究每座矿山地质环境质量状况的基础上，根据统计汇总的数据成果，分析矿业开发对土地资源、水资源的影响程度，统计并分析矿山地质灾害的类型、数量、规模与潜在危害，总结矿山生态环境恢复与治理的措施与效果，进而编制晋城市矿山地质环境调查成果报告及相关图件。

(5)建立晋城市矿山地质环境信息数据库。

三、研究成果

按照要求，完成全市调查面积 4 002.95 km^2，调查矿山 514 个，2017 年 9 月底完成了晋城市调查成果报告的初稿。同时，各调查单位在 2018 年 3 月 20～31 日又进行了野外补充调查，于 2018 年 5 月中旬对成果报告进行了重新修编，提交的成果包括《山西省晋城市矿山地质环境调查成果报告》1 份、附图 4 张、典型矿山地质环境问题照片集 1 册、调查汇总表 1 册。完成的主要工作量如表 1-1 所示。

表 1-1　完成工作量

序号	项目		单位	数量	说明
1	收集县级成果报告	县级矿山地质环境详细调查	份	6	
		基础地质资料	份	6	
		图件	份	24	
2	矿山地质环境调查数据库核查	核查矿山数量	座	514	
		核查矿山面积	km^2	4 002.95	
		核查矿山地质环境信息采集系统录入调查数据	份	6	
		核查照片集	册	6	
3	资料整理	编制成果报告	份	1	
		编制成果图件	张	4	1:10 万
		矿山地质环境调查数据汇总表	册	1	
4	信息系统填报	矿山地质环境信息采集系统	套	1	网上填报
5	影像资料	典型照片集	册	1	

主要成果汇总如下：

(1)晋城市矿山地质环境现状调查成果报告。

(2)附图。

①晋城市矿山地质环境调查实际材料图(1∶10万)。

②晋城市矿山地质环境问题图(1∶10万)。

③晋城市矿山地质环境综合评估分区图(1∶10万)。

④晋城市矿山地质环境保护与整治分区图(1∶10万)。

(3)附件。

①调查数据汇总表。

②典型矿山地质环境问题图片集。

③晋城市矿山地质环境信息数据库一套(网上填报)。

第二章　区域概况

第一节　自然地理

一、交通位置

晋城市位于山西省东南部，东枕太行，南临中原，西望黄河，北通幽燕，区位适中，交通便捷，是山西通往中原的重要门户。太焦、侯月铁路纵贯本境，晋焦高速、长晋高速、晋阳高速，207 国道，省道与县道、乡道交织成网，陆路交通四通八达，十分便利。地理坐标：东经 111°56′05″~113°37′15″，北纬 35°11′12″~36°13′56″，南北宽约 100 km，东西宽约 160 km，全市国土总面积 9 490 km^2，下辖城区、泽州、高平、阳城、陵川和沁水等 6 个县（市、区），境内交通以公路为主，省级以上公路有 G207、G55、G5512、S80 陵侯高速，S86、S225 长平线，S226 长陵线，S227、S229、S331 坪曲线，S332 陵沁线，S333 公路。此外境内县级公路交织成网，交通便利。

二、气象和水文

（一）气象

晋城市属暖温带半湿润大陆性季风气候区，受大陆性季风影响，区内地形地貌复杂，各地区小气候差异大。全市可分为温寒作物区、温凉作物区、温和作物区、温暖作物区。气候特点：四季分明，冬长夏短，春季少雨多风，干旱时有发生；夏季炎热多雨，降雨量年际变化大；秋季温和凉爽，阴雨天气多；冬季寒冷，雪雨稀少。干旱、冰雹、暴雨、大风、霜冻、干热风、连阴雨等灾害性天气偶有发生。为长日照地区,年日照时数为 2 393~2 630 h,平均为 2 563 h。根据晋城市气象局 1965~2018 年统计资料,年平均气温 7.9~11.7 ℃,陵川最低 7.9 ℃,阳城最高 11.7 ℃,其他地区均为 10 ℃左右。无霜期一般在 185 d 左右,沁水最长,为 198 d,陵川最短,为 165 d。年均降雨量为 650 mm,最大年降雨量为 896.2 mm(2003 年),最小年降雨量为 335.2 mm(1965 年),最大 24 h 降雨量为 168.3 mm(1982 年 8 月 1 日 2 时 37 分至 1982 年 8 月 2 日 2 时 37 分),最大 60 min 降雨量为 52.5 mm(2003 年 8 月 24 日 21 时 02 分至 2003 年 8 月 24 日 22 时 02 分),最大 10 min 降雨量为 27.7 mm(1966 年 7 月 20 日 13 时 16 分至 1966 年 7 月 20 日 13 时 26 分)。年降水日数为 90~98 d。晋城市最大冻土深度 0.4~0.6 m。

(二)水文

晋城市境内河流属黄河和海河两大水系,其中主要河流有 2 条。沁河、丹河、端氏河、获泽河等均属于黄河水系,陵川县部分水系(武家湾河、香磨河、北召河)属于海河水系卫河流域。

沁河发源于山西省沁县霍山南麓二郎神沟、分水岭高程近 2 000 m,由北向南流经沁源、安泽、沁水、泽州、阳城五县,进入河南省的沁阳县、武陟县,于南贾村汇入黄河。河长 485 km,流域面积 13 532 km^2,河道落差 1 844 m,平均比降 3.8‰。在山西省境内,干流河长 363 km,流域面积 12 304 km^2,其中最大支流丹河流域面积 2 980 km^2,干流落差 1 674 m,平均比降 4.15‰。沁河干流流域,张峰以上基本属石山林区(1 710 km^2)与土石山丘区(3 280 km^2),张峰以下除少量河川地(350 km^2)外,基本属土石山丘区(3 984 km^2)。丹河则多属丘陵区(2 140 km^2)及部分平川区(840 km^2)。

丹河为晋城市境内第二大河。发源于高平市赵庄丹朱岭,流经晋城市郊区鲁村、北义城、高都、水东、金村、柳树口、南河西等乡镇，入河南省后注入沁河，全长 121.5 km。有众多支流汇入。河床宽约 100 m，流域面积 2 949 km^2。晋城市境内河段最大流量 1 520 m^3/s，最小流量 715 m^3/s。

端氏河上游为沁水县境内柿庄河和云首河，两河在固县乡境内汇合后称端氏河。经端氏镇东山，注入至溪河，在端氏村西入沁河。含上游河，流经东峪、柿庄、十里固县、樊庄、胡底、端氏 7 个乡（镇），全长 47 km，流域面积 788 km^2。一般流量 2.5 m^3/s。流域有水浇地 8 000 余亩。

获泽河为沁河支流。发源于沁水县土沃乡白华岭。流经白桑乡坪头庄入沁河。全长 75 km，河床宽 100～300 m。属季节性河流。主要支流有获泽河、西小河等。获泽河发源于阳城县城西 18 km 的老鹤岭下，注入南大河。全长 15 km，河床宽 5～20 m。沙坡水库上游属常河，下游属季节河。西小河发源于阳城县西北的壑山麓，流经西沟乡，至县城西南入南大河。全长约 14 km，宽 15～50 m。

武家湾河发源于马圪当乡岭东里沟，流经闸水、双底、榆树湾、古石、武家湾等地进入河南省辉县汇入卫河，全长 38 km，境内流域面积 672.3 km^2，年径流量 5 593.15 万 m^3，占全市年径流量的 44.4%，清水流量 0.4 m^3/s。沿途较大的支流有古郊河、后郊河、横水河、黑龙潭、琵琶河等。

香磨河上游有六泉河和赤叶河，赤叶河发源于冶南附近的畈脑岭，六泉河发源于冶头附近的老牛湾，两河至隔河处相汇，继续东流进入河南省汇入卫河，全长 30 km，境内流域面积 119.7 km^2，年径流量 1 183.4 万 m^3。

北召河发源于黄沙山，流经下川、北召等进入壶关县境，继续东流，最终汇入卫河流域。全长 10 km，境内流域面积 56.3 km^2，年径流量 320.06 万 m^3。

三、地形与地貌

（一）地形

晋城市位于山西省东南部，地处黄土高原的东南边缘，属于山西东部山地。黄土覆盖于起伏不平的基岩顶面之上，并继承了下伏基岩古地形。长期以来，受地壳运动、内外应力的综合作用，形成了现今起伏较大的地势。

境内群山环列，河川纵贯，沟壑纵横，丘陵起伏，盆地相间。太行山耸立东部，中条山环绕西南、西北部为太丘山的延伸部分；内部丘陵为主，盆地穿插，主要盆地有晋城盆地、阳城盆地和高平盆地，沁河、丹河东西分布。陵川县、高平市与泽州县境内诸山属太行山脉，沁水县境内诸山大都属太岳山脉，阳城县境内诸山多属中条山脉。区内最高峰为西部舜王坪，海拔 2 322 m，最低为沁河、丹河下游河谷，海拔不足 300 m，相对高差约 2 000 m，境内大部分地区海拔在 800 m 以上，沁河及其一级支流的丹河由北向南，贯穿全区，两岸多有山涧盆地。在全市总面积 9 490 km^2 中，山地面积占 59.2%，丘陵占 27.7%，平川仅占 13.2%。

晋城盆地、高平盆地及沁河谷地在本区分布范围较小，地势相对平坦，海拔在 600~1 000 m，是晋城市工农业生产及政治文化交通的中心地带。

总体来看，本市平面形态为一卵圆形，外部则呈四周隆起、中间下沉的形态特征，见图 2-1。

（二）地貌

根据地表形态，结合开发状况，全市可分为高中山区、中山区、中低山区、低山—丘陵区、山间盆地与山间宽谷地区、破碎黄土塬区等 6 类。又可分为 16 个地貌区。其中，高中山区有舜王坪高中山区；中山区有太行山—王屋山中山区、东峪中山区、中村中山区、胡底中山区；中低山区有沁水中低山区、李寨中低山区、冶头—大

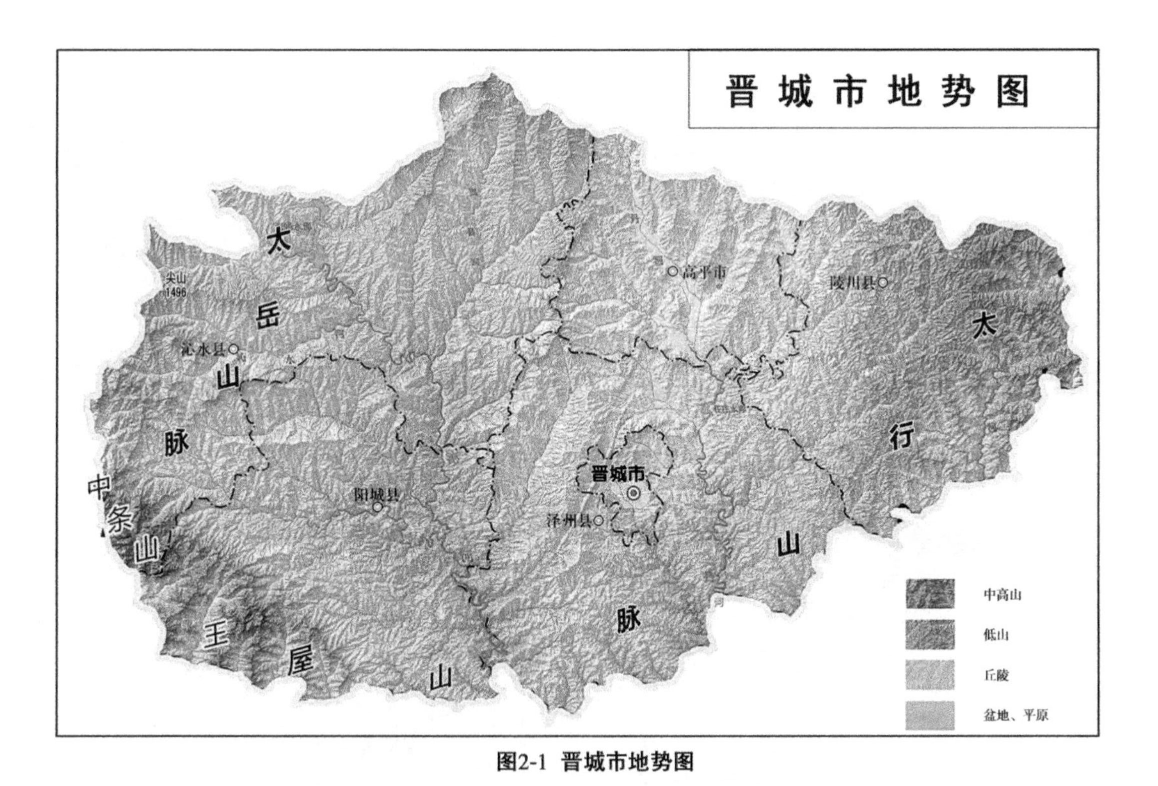

晋城市地势图
太岳山脉
太行山脉
中条山
王屋山
尖山
1496
沁水县
阳城县
高平市
陵川县
晋城市
泽州县
中高山
低山
丘陵
盆地、平原

图2-1 晋城市地势图

兴中低山区；低山-丘陵区有次营—白桑低山区、阳城—北留低山区、大阳—附城低山区、秦家庄低山区；山间盆地与山间谷地区有晋城山间盆地、沁水—阳城山间宽谷地、高平盆地；破碎黄土塬区有高平团池黄土塬区。

晋城市地貌以山地丘陵为主。山地和丘陵面积占总面积的87.1%，其中山地占58.6%，丘陵占28.5%。东部、西部和南部，群山连绵，崇山峻岭；北部和中部，丘陵起伏，盆地相间。盆地及山间宽谷占总面积的12.9%。全市平面轮廓略呈卵形。内地起伏较大，最高是舜王坪，海拔2 322 m；最低是沿河、丹河下游河谷，海拔接近300 m；相对高差为2 000 m。境内大部分地区海拔800 m。东部及东南部为太行山脉，西南是王屋山（中条山东北端），西北部是太岳山的南延部分。这些山地在地貌上以中山为主，部分为高山；中部沁河、丹河流域多属中低山、低山丘陵、盆地和谷地。整个地区的地势呈东西北高，中部、南部低的簸箕状。

第二节　社会经济概况

晋城市下辖城区、泽州、高平市、阳城、陵川和沁水六县（市、区），总面积9 490 km^2，占山西省总面积的6%。总耕地面积为283.38万亩，人均耕地1.42亩，2016年末总人口为218.62万人，全市人口中有22个民族。少数民族中回族人数最多，主要分布在城区。2016年，全市国内生产总值1 040.2亿元，占山西省的8.12%，人均生产总值44 994元，三次产业结构为49.2:576.3:414.7，财政总收入192.5亿元，全社会固定资产投资1 105.1亿元，城镇化率达到57.42%，社会消费品零售总额358.76亿元，全市城镇居民人均可支配收入26 651元，农民人均可支配收入10 914元。

晋城市是典型的矿业资源型城市，矿业在全市经济发展中占有重要地位。2016 年晋城市矿山企业总数 192 个(不含煤层气企业),矿石产量 7 614.58 万 t,矿业工业总产值 329.37 亿元,占全市 GDP 的 31.66%,矿业从业人员总数为 117 326 人。2016 年晋城市主要矿产煤炭产量占山西省煤炭总产量的 7.97%,煤炭工业产值占山西省煤炭工业总产值的 5.72%。煤层气产量占山西省煤层气总产量的 75.13%。

晋城市森林资源可观,有森林面积 380.5 万亩,森林覆盖率达到 33.6%。沁水县历山舜王坪一带至今保留着全省仅存的一块面积为 730 hm^2 的原始森林。天然牧坡草地 25.47 万 hm^2,是山西省的畜牧业基地之一。中国北方最大的示范牧场就建在沁水县境内。

晋城市桑蚕丝绸业有着悠久的历史,是我国北方著名的蚕桑丝绸之乡,丝产量占山西省的 80%,也是目前华北最大的蚕桑丝绸基地。

晋城市气候温和,雨量充沛,特别适宜许多珍贵动植物的生长,素有“山西生物资源宝库”的美称。现有阳城蟒河和沁水历山两个国家级自然保护区。历山自然保护区内有种子植物 1 300 余种,属国家级重点保护的有 11 种;有动物 342 种,属国家级重点保护的动物有 38 种。蟒河自然保护区内,有种子植物 882 种,动物 285 种。列为国家一级重点保护的有黑鹳、金雕、金钱豹 3 种,国家二级重点保护有猕猴、水獭等 28 种。在野生植物资源中,有珍贵的野生猴头、木耳、蘑菇等菌类微生物。晋城市还是全国五大山楂产区之一和山西省天然保健食品生产基地,盛产黄梨、山楂系列保健食品和药物保健食品等。

第三节　地质环境背景

一、地层岩性

全市境内出露地层主要有寒武系、奥陶系、石炭系、二叠系、三叠系和第四系。由新到老构成如下：

第四系主要分布于高平及晋城盆地，由坡积、洪积和冲积物组成，厚 0～42 m，岩性为棕红、紫红等黏土，粉质黏土，夹细砂、粉砂及中粗砂和砾石层。

第三系主要分布于晋城市区以北至高平市区以南丘陵区，岩性为土黄、灰绿、棕红色黏土及砂质黏土，含有锰铁质、钙质结核。厚度一般为 12～20 m，最厚 40 m。

三叠系主要分布于沁水县城以北，高平市局部。岩性为红色、砖红色中细粒长石砂岩，砂质泥岩，页岩及灰绿色、黄绿色、灰白色长石砂岩等。

二叠系主要分布于沁水拗陷东，从高平、陵川经泽州西到阳城、沁水西南弧形出露。由细砂碎屑岩及泥岩组成，中下部含丰富的植物化石，为区内主要含煤地层之一。由灰白色—深灰色砂岩、灰黑色泥岩、砂质泥岩、煤层等组成，属三角洲平原和潟湖、湖沼沉积。地层厚度为 141～795 m。一般含煤 4 层。沁水县 3 号煤层埋深较大，最深处近 700 m，煤层厚 0.25～3.60 m，平均 2.2 m。晋城市城区、泽州县煤层厚度较大，煤厚 4.54～9.63 m，平均 6.10 m。高平、阳城县煤层厚度位于两者中间。

石炭系主要分布于陵川、阳城、沁水，为区内主要含煤地层之一，由深灰色—灰黑色泥岩、砂质泥岩、砂岩、石灰岩、煤层等组成，属三角洲和碳酸盐岩台地沉积，厚 32～252 m，含煤 9 层，可采 2 层（9 号、15 号），含石灰岩 5～10 层。

其中陵川县大部分开采9号、15号煤层，只有苏村煤矿西南部开采3号煤。陵川县9号煤层厚0.60~1.99 m，平均1.50 m。15号煤层厚1.67~3.3 m，平均2.34 m。沁水县15号煤层埋深50~750 m，平均400 m，煤层厚1.60~4.29 m，平均2.55 m。泽州、城区9号煤层厚0.80~6.00 m，平均1.70 m。15号煤层厚0.98~5.50 m，平均2.27 m。晋城市9号、15号煤层厚度变化较小。

奥陶系分布广泛。由灰岩、泥灰岩和含燧石白云岩等组成，厚476~700 m。

寒武系分布于泽州县南部、陵川东部、阳城南部的河谷底部及两侧，呈弧形带状分布。由砾岩、砂岩、页岩、泥灰岩、层状灰岩、竹叶状灰岩和白云岩等组成，厚377~570 m。

元古界地层主要分布于阳城县、陵川县部分地区。阳城县羊圈底庙一带，由变质砾岩、红色厚层粗粒变质长石、石英砂岩和绢云片岩、绢云石英片岩、绿泥白云片岩等组成，厚354 m。陵川县东部及东南部，由石英砂岩、灰紫红色页岩、含海绿砾石石英砂岩夹页岩及含灰岩、泥灰质白云岩等组成，厚555~1 200 m。

太古界地层零星分布于东部和西南部，出露在陵川横水、大河口一带及阳城县羊圈底庙一带。陵川大河口主要为片麻岩系地层，阳城羊圈底庙有黑云片岩和二长片岩、角闪片岩和片麻岩，局部有透镜状大理岩，厚度分别大于300 m、500 m。

二、地质构造

项目区域构造位置处于山西陆台东南部，即太行山隆起西翼南部，区域构造表现出一种以各种构造形迹复合、联合形成的复杂构造轮廓。新华夏晋城—获鹿褶断带、丹河小山字形构造及晋城市东西向褶断带为区域主要构造形迹（见图2-2）。

（1）晋城—获鹿褶断带：北起河北省获鹿县，向南经拐儿镇、桐峪、南委泉、潞城县城和长治市东侧、赵村，直至晋城以南，延长

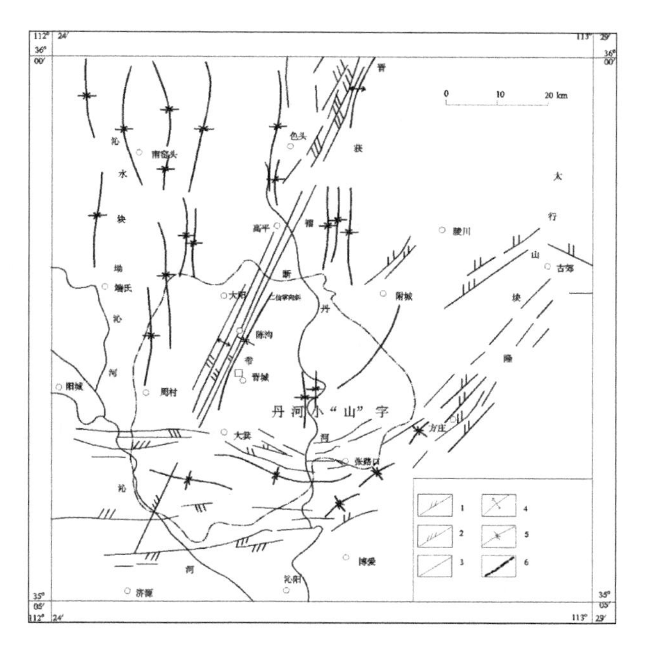

1—压扭性断层;2—压性断层;3—性质不明断层;4—背斜;5—向斜;6—泽州县界

图 2-2 区域构造体系

达 250 km,宽 20~25 km。褶皱带总体走向为北东 23°~25°,呈明显的线状延伸。

褶断带主要由断裂和与之平行的褶皱组成。褶皱两翼岩层倾角一般为 20°~30°,东翼稍陡,西翼稍缓,断裂多为压性,断面倾角多在 60°以上,它们彼此平行,共同构成了张裂挤压带。主要构造形迹北部有粟城仰冲断裂、桐峪仰冲断裂、麻田背斜、青城向斜、长治大断裂、老顶山背斜;韩店以南主要由北北东走向的平缓开阔的褶皱群组成,断裂不发育,南端中奥陶统地层构成线形倒转构造。

(2)东西向褶断带:褶断带展布于泽州县南部的陟淑、大箕一线,向西延伸由方庄一带出境。由数条近于平行排列的压性、压扭性断裂及褶皱组成，并伴有次级断裂。

（3）丹河小山字形构造：属晋东南山字形构造和太行山隆起构造的次级产物。发育于评估区东南部，其前弧展布于大箕、张路口、双庙一线。

三、新构造运动和地震

本区域构造格架形成于中生代，中生代的燕山运动表现较为强烈，以断裂活动为特点，并伴生有褶皱和岩浆活动。区内新构造运动则是继承了燕山运动的格局，在经历了新生代喜山运动后更趋活跃，除沿断裂和褶皱继承活动外，主要表现为差异性的升降运动，产生了新的隆起和坳陷。新构造运动的活跃性在本区主要表现为如下几方面：

（1）地壳上升、河谷下切，现残留有基座阶地，体现新构造运动以来递增式上升的特点。

（2）沿河谷发育有数层不同时期和高程的溶洞，则是由于地壳的间歇性上升和河流间歇性下切形成的。

（3）出现一系列新生界的断陷小盆地，如巴公盆地、北石店盆地、晋城盆地和南村盆地等，且新生界地层有明显的倾斜和错断。

（4）区内晋（城）高（平）断裂为一复活性断裂。该断裂是晋（城）获（鹿）大断裂的南端收尾部分，呈北北东向展布，在该断裂带及其周围曾多次发生震级不等的弱震。

本区范围内，历史上仅有一次 4 级以上地震的记载，可见本区地震活动相对较弱。自有历史记载（纪元前 1177 年）以来，本市共发生有感地震 8 次，震级最大为 4.7 级，其余均为 3.5 级，其中沁水 1 次（最大），高平 2 次，晋城 1 次，陵川 4 次。据 1303 年 9 月 17 日洪洞赵城 8 级地震的等震线图表明，震中地区烈度为 11 级，晋城—高平活动断裂带的烈度为 7 级，其余地区为 6 级。1695 年 5 月 18 日临汾发生 8 级强震，震中烈度为 10 级，本市范围烈度为

7 级。地震发生时未出现喷砂、涌水和山崩等现象，但因此诱发了滑坡和塌方等灾害现象。

四、水文地质条件

区域主要含水岩组为寒武系、奥陶系中统碳酸盐岩岩溶含水岩组，太原组灰岩岩溶裂隙含水岩组，二叠系碎屑岩类裂隙含水岩组及第四系松散岩类孔隙含水岩组。区域地下水主要划分两个隔水层：石炭系中、上统泥岩，铝质泥岩隔水层；碎屑岩类层间隔水层。

（一）含水层类型

1. 奥陶系中统碳酸盐岩岩溶含水岩组

碳酸盐岩类裂隙岩溶水是晋城市重要的供水水源。在晋城市东部和南部，广泛出露的碳酸盐岩类岩石，为岩溶裂隙水的发育和赋存提供了基础。单井出水量为 1 000~2 100 m^3/d。水质类型为 $SO_4 \cdot HCO_3-Ca \cdot Mg$ 型水。

在沁河干流沿岸和丹河河谷，出露着一系列的泉群，其中流量最大的分别是延河泉和三姑泉。本类地下水按补径排条件，可分为延河泉、三姑泉两大岩溶泉域。

1）延河泉域

延河泉出露于阳城县东冶乡延河村北 1 km 沁河西岸，以股状出流，出露标高 464 m，出露地层为中奥陶统厚层灰岩，属河流侵蚀型泉。据实测，延河泉流量变幅在 2.11~6.73 m^3/s，平均为 3.0~4.0 m^3/s。延河泉域最高标高位于沁水端氏镇、泽州大阳镇、阳城固隆乡一带，水位标高 570 m，最低标高位于阳城白桑乡的延河泉域，标高 460 m。

2）三姑泉域

三姑泉出露于泽州县河西乡三姑泉村附近的丹河河谷中，出露标高 302.33 m，出露地层为寒武系中统鲕状灰岩，出露泉水约 20 处，三姑泉水分三股流出，流量最大的南股泉涌水量为 3.5

m^3/s,另两股涌水量为 3.37 m^3/s。三姑泉域最高水位标高位于陵川县礼义镇、西河底镇、附城一带,标高 660 m;最低水位标高位于泽州县南部三姑泉域出露区。

2. 太原组碎屑岩夹薄层灰岩岩溶裂隙含水岩组

该含水岩组主要接受上部碎屑岩类裂隙水的补给,局部接受松散岩类孔隙水或大气降水的补给,其富水性取决于砂岩及灰岩的岩溶裂隙发育程度。

石炭系含石灰岩 5~7 层,本组主要有两个含水层,即 K_2、K_5 灰岩层。K_2 灰岩含水层位于太原组底部,15 号煤层的直接顶板,单位涌水量为 0.000 5~0.23 L/(s·m),属弱—中等富水性含水层,水质类型为 HCO_3-Ca 型。K_5 灰岩含水层,位于太原组中部,厚度为 2.97~4.39 m。K_5 灰岩裂隙溶洞不发育,含水性弱。

3. 二叠系碎屑岩类裂隙含水岩组

主要由二叠系山西组、下石盒子组、上石盒子组,由泥岩、砂质泥岩、砂岩、夹煤层等组成,厚 36~68 m。属砂岩裂隙水,单位涌水量为 0.000 31~0.003 L/(s·m)。属富水性较弱的含水段。水质类型为 HCO_3-Ca 或 $SO_4-Ca \cdot Mg$ 型。

4. 第四系松散岩类孔隙含水岩组

第四系孔隙潜水分布于较大沟谷地段。含水层厚度不大,水位埋深一般较浅,富水性差异较大,单位涌水量为 0.22~8.24 L/(s·m)。水质类型多为 $HCO_3 \cdot SO_4-Ca$ 型,直接接受大气降水补给,受季节影响大,属弱富水性含水层。

(二)主要隔水层

1. 本溪组泥岩隔水层

该隔水层位于 15 号煤层下,岩性细腻致密,厚度一般为 4.80 m,在太原组含水层与奥灰岩溶含水层之间起到了较好的隔水作用,阻隔了奥陶系岩溶水和上覆各含水层的水力联系,为良好的井田隔水层。

2. 砂岩、灰岩含水层之间的层间隔水层

各灰岩、砂岩含水层之间，均分布有厚度不等的泥岩、砂质泥岩等泥质岩层，其岩性比较致密、不透水，阻隔了各含水层之间的水力联系，起到了层间隔水作用。但在近地表段，由于受风化作用及构造、断裂与裂隙发育的影响，不同程度地破坏了其隔水性能。

五、工程地质条件

岩土体类型的区域分布，不仅反映了特定区域的地质环境条件，也与地质灾害的发育分布及矿山环境地质问题的产生密切相关。境内工程地质条件按岩体类和土体类分别叙述如下。

(一)岩土体工程地质特征

根据晋城市出露地层岩性、地质成因、结构和工程地质特征，将岩土体类型划分为五大类十二个亚类，见图 2-3。

- 坚硬块状变质、岩浆岩体
- 坚硬厚层夹薄层变质岩体
- 碳酸盐岩
  - 坚硬夹软弱、厚层夹薄层碳酸盐岩体
  - 坚硬、软弱互层状碳酸盐岩体
  - 软弱夹坚硬、薄层夹厚层碳酸盐岩体
- 碎屑岩
  - 坚硬厚层状(有时夹薄层)碎屑岩岩体
  - 较坚硬、软弱互层状碎屑岩岩体
  - 较弱夹坚硬、薄层夹厚层碎屑岩岩体
  - 软弱薄层状碎屑岩岩体
- 松散土体
  - 均一黏性土体
  - 层状黏性、砂性土体
  - 黄土类土体

图 2-3　岩土体类型划分

1. 坚硬块状变质、岩浆岩体

分布在本区西南端和东北角。西南端由太古界和下元古界变质岩系及中上元古代长城纪火成岩构成；东北角由太古界片麻岩系和燕山期中性闪长岩构成；除片麻岩具有弱定向结构和粗略的各向异性外，其他岩体整体性好，强度高，一般干抗压强度为800~1 500 kg/cm²，软化系数大于0.72。

2. 坚硬厚层夹薄层变质岩体

分布在区内西南角，由上元古界震旦系石英砂岩、泥岩和安山玢岩组成。砂岩干抗压强度一般为800~1 500 kg/cm²，泥岩和安山玢岩强度较低，一般为300~700 kg/cm²，在长期外动力作用下，尤其是构造破碎带或褶皱强烈发育地带，常会出现危石林立及大块岩石的崩落。

3. 碳酸盐岩

1）坚硬夹软弱、厚层夹薄层碳酸盐岩体

该岩体主要由寒武系中、上统构成。岩性以坚硬厚层灰岩、鲕状灰岩和结晶白云岩为主，夹软弱薄层页岩、泥灰岩和较坚硬的泥质灰岩等。坚硬岩石干抗压强度一般为800~1 300 kg/cm²，软化系数为0.66~0.88；页岩类软化系数一般为0.36~0.60。

2）坚硬、软弱互层状碳酸盐岩体

由奥陶系中、下统碳酸盐岩构成。岩性由坚硬厚层灰岩、豹皮灰岩和软弱泥灰岩、角砾状泥灰岩相间分布，夹少量较坚硬泥质灰岩。该岩体溶蚀现象发育，其中的软弱夹层、层理、页理发育，亲水性好，吸水后易软化、泥化。

3）软弱夹坚硬、薄层夹厚层碳酸盐岩体

由寒武系下统辛集组、馒头组和毛庄组构成。岩性以软弱的泥岩、页岩和泥灰岩为主，夹坚硬灰岩、砂岩和较坚硬的泥质灰岩、细砂岩等。该岩体遇水后强度显著降低。出露地层易于风化，岩体工程地质条件较差。

4. 碎屑岩

1）坚硬厚层状（有时夹薄层）碎屑岩岩体

由三叠系下统刘家沟组组成。岩性以坚硬厚层砂岩为主，夹少量软弱薄层状页岩、泥岩。砂岩成分以长石、石英为主，抗压强度为736~1 260 kg/cm^2，软化系数大于0.75。

2）较坚硬、软弱互层状碎屑岩岩体

由三叠系中统二马营组组成。岩性为较坚硬的长石砂岩和软弱泥岩互层。砂岩干抗压强度一般为400~1 100 kg/cm^2，软化系数0.60~0.75；泥岩干抗压强度为250~600 kg/cm^2，软化系数0.38~0.60。

3）软弱夹坚硬、薄层夹厚层碎屑岩岩体

由石炭系和二叠系碎屑岩构成。岩性以软弱泥岩、页岩、砂质泥岩、铝土岩、煤层为主，夹坚硬厚层砂岩、石灰岩及少量较坚硬泥质砂岩。砂岩类干抗压强度一般为116~346 kg/cm^2。该类岩体工程地质条件较复杂。易产生地面塌陷、地裂缝等地质灾害。

4）软弱薄层状碎屑岩岩体

由三叠系下统和尚沟组组成，岩性以薄层软弱泥岩、页岩为主，含少量较坚硬粉细砂岩。

5. 松散土体

1）均一黏性土体

由第四系中更新统和上第三系构成。岩性主要以棕红色、浅红色砂土、亚黏土为主，含砂砾石夹层或透晶体，局部夹古土壤层。土体一般呈可塑状态，无湿陷性和胀缩性，工程地质条件良好，承载力较高。

2）层状黏性、砂性土体

主要由第四系全新统组成。岩性主要为砂砾石、砂和亚砂土、亚黏土互层。工程地质条件良好。砂砾石成分多为砂岩，分选、磨圆中等，颗粒直径相差较大，砾石颗粒间隙多以砂或泥质土充填，多呈饱和状态，其密实度中等；砂层多数呈中湿、稍湿状态。砂性土承载力较高，黏性土稍差。

3)黄土类土体

主要由第四上更新统组成。岩性以浅黄色亚砂土为主。结构疏松,具大孔隙,属黄土类土,工程地质条件较差,普遍具中等湿陷性,遇水显强湿陷性,强度显著降低,土体发生湿陷变形。

(二)工程地质条件岩体类和土体类分类

1. 岩体类

1)3 号煤层顶底板条件

3 号煤层可分为伪顶、直接顶和老顶。伪顶岩性为炭质泥岩,厚度不均匀,为 0~0.5 m,一般为 0.2 m。结构松软,不易支护,随采随落;直接顶岩性为砂质泥岩,致密较硬,节理裂隙发育,厚度为 1.5~9.0 m,一般为 4 m 左右;老顶岩性为中粒或细粒砂岩,厚 4~13 m,一般为 8 m 左右,致密坚硬,为中等稳定顶板。3 号煤层直接底板为炭质泥岩,厚 0.83~5.84 m,较软,为不稳定底板,开采中受压后易发生底鼓现象。

2)15 号煤层顶底板条件

15 号煤层直接顶为 K_2 石灰岩,厚 7.42~10.99 m,致密坚硬,节理裂隙较发育,在矿区内该层特别稳定,单向抗压强度平均 127.57 MPa,单向抗拉强度平均 7.56 MPa,抗剪强度平均 16.11 MPa,属坚硬性顶板,为稳定顶板,再向上是软弱—坚硬相间的平行复合式结构。

底板为泥岩或铝土质泥岩,厚 0~3.42 m,其下部为本溪组的铝土质泥岩,属软弱型。单向抗压强度为 40.82 MPa,单向抗拉强度为 3.74 MPa,抗剪强度为 9.27 MPa,膨胀率为 0.63%。属中等稳定性底板。

2. 土体类

1)砾质土

由中更新统砾石、卵石、砂等组成,较疏松,粒间联结弱,孔隙比高,力学强度低;孔隙若为黏土充填,则力学强度高,可作为建筑物的地基。

2)黏性土

本区内土体以黏性土为主,分布范围较广,由全新统、上更新统及中更新统冲积、洪积物组成。岩性有粉质黏土、黏土,松软可塑,中等压缩性,可满足一般工程建筑物的地基要求。

六、环境地质条件

(一)煤矿、铁矿开采

晋城市矿产资源开发在中华人民共和国成立前开采方式落后,煤炭产量很低。中华人民共和国成立后,随着国家经济建设发展需求,晋城市煤炭资源得到很大发展,随着山西能源化工基地的建设和我国西部战略的实施,晋城的矿产资源开发迅猛发展。矿产资源的开发在带来经济发展的同时,也带来了一系列地质环境问题,如采矿引起的地面塌陷、地裂缝地质灾害,并有时诱发崩塌、滑坡等灾害,引起地形标高发生较大的变化,对周围的地形地貌景观的破坏较严重。

目前晋城市含煤面积 4 654.40 km^2,占全市总面积的 49.01%,6 县(区、市)均有分布,煤炭资源总量 458.80 万亿 t,其中探明储量 271.58 万亿 t,占全省无烟煤探明储量的 54.65%,占全国无烟煤探明储量的 25.76%。

铁矿资源主要是山西式铁矿和含锰铁矿,具有埋藏浅、露头好、水文地质条件简单等特点。目前,探明储量山西式铁矿达 0.62 亿 t,锰铁矿达 0.36 亿 t。

煤层气探明含气面积 164 km^2,地质储量 402 亿 m^3,可采储量 234 亿 m^3。

“以煤为基多元发展,构建现代工业体系”是《晋城市国民经济和社会发展第十二个五年规划纲要》确定的地区工业发展方向。坚持基础设施优先发展,加快构筑综合交通运输网、水资源综合利用网，高速信息网，努力实现基础设施与经济社会协调发展，实现“再造一个新晋城”的社会发展目标。

（二）采石场建设

20世纪八九十年代，当地采石场的开采和居民占山无序开采，造成山体千疮百孔（采矿权人已灭失），形成多处高5～65 m、边坡角45°～85°的高陡险坡，严重破坏了地形地貌景观，危及当地居民的生命财产安全和交通干线两侧可视范围内的地形地貌景观。

（三）公路及城市道路建设

晋城市交通便利，是黄土高原通向中原的重要门户。太（原）焦（作）铁路、太（原）洛（阳）公路、晋（城）长（治）二级公路纵贯南北，侯（马）月（山）铁路、晋（城）韩（城）、沁（水）辉（县）公路横穿东西。陵（川）辉（河南辉县市）公路、陵（川）修（武）公路、阳（城）济（源）二级公路等出境公路为该市煤炭外运创造了良好的环境。晋（城）阳（城）高速公路、晋（城）焦（作）郑（州）高速公路、环城高速公路的贯通，已形成了以国道干线、高等级公路为骨架，连接各县（市、区）、乡（镇）各主要工矿区、农副产品基地和各旅游区四通八达的公路交通网络。随着交通发展迅猛，道路工程活动不可避免地要切坡、加载，从而破坏原来地应力平衡，诱发崩塌、滑坡等灾害。

第三章　矿产资源的开发利用

第一节　矿产资源概况

一、矿产资源类型

晋城市位于华北断块山西隆起带的吕梁—太行断块与豫皖断块的交接地带。出露地层为下元古界至新生界，自东南向西北由老到新呈带状分布，地层总体倾向西北，以单斜构造为主。截至2016年底，共发现23种矿产(以亚种记)，占全省已发现矿种的19.5%，主要有煤、煤层气、铁、含锰铁矿、硫铁矿、铝土矿、铁矾土、石灰岩、电石灰岩、白云岩、陶瓷黏土、高岭石、耐火黏土、水泥用黏土、花岗岩、大理岩、硅石、重晶石、铜、铅、锌、银、金及矿泉水等矿产资源。具有资源优势并在经济社会发展中占有重要地位的矿产有煤、煤层气、石灰岩等。黏土矿、硅石也有着良好的开发利用前景。

晋城市煤炭资源丰富，全市含煤面积4 654.4 km^2，占全市总面积的49.40%。煤层气为煤炭的伴生矿种，气田煤层分布稳定、储量丰富、含气量高、产出稳定。石灰岩主要分布于阳城县南部、泽州县西部和东南部、陵川县东部，同时在晋获褶断带上的高平等地也有少量集中出露。黏土矿主要分布在阳城县、沁水县、高平市等地。硅石主要分布于阳城县南部横河镇和沁水县下村乡等地。

根据晋城市矿产资源总体规划(2016～2020年)，截至2016年底，煤炭查明保有资源储量258.79亿t，占全省查明保有资源储量的9.56%。全市煤层气地质储量达6 141亿m^3,已探明资源储量3 256亿m^3,占全省探明资源储量的57.04%。铁矿查明保有资源储量370.83万t。水泥灰岩查明保有资源储量1.55亿t。

二、矿产资源分布特点、规模

(一)区内矿产资源以沉积矿产为主

晋城市矿产资源中煤、煤层气最为丰富;铁矿、硫铁矿、铝土矿、黏土矿集中产于石炭—二叠系煤系地层中,呈弧形分布于沁水盆地南部边缘地带;石灰岩地层大面积分布于本市南部及东部地区。区内矿产资源以沉积矿产为主。

(二)非煤矿产贫矿多、富矿少、规模小

铁矿、硫铁矿、铝土矿、黏土矿一般规模较小,单个矿体形态多呈透镜状、鸡窝状,少数呈似层状。品位低,如山西式铁矿TFe品位一般35%左右。

(三)共生、伴生矿产多

煤层中伴生丰富的煤层气资源。另外,15号煤、黏土矿、硫铁矿、铝土矿、山西式铁矿密切共生。

(四)地质构造简单,开采条件好

区内煤炭资源煤层稳定,构造简单,产状平缓,易于开采。

三、优势矿产资源

现状条件下,晋城市生产矿山主要是煤矿、石灰岩矿,煤炭是全市主要开发利用的矿产,根据煤岩和煤化学特征,境内3号煤层为低灰、特低硫、高热值的贫煤,9号煤层为低灰—中灰、特低硫—低硫、特低磷、中等固定碳—高固定碳、特高热值的贫煤,为良好的合成氨用煤和固定床气化用煤。15号煤层为低灰—高灰、中高硫—高硫、特低磷、低固定碳—高固定碳、中热值—特高热值的贫煤,由于硫分含量偏高,经洗选后可作为动力和化工用煤。

石灰岩矿是全市开发利用的重要矿产，根据灰岩矿开发利用方案及储量报告，境内灰岩矿矿石以致密灰岩、花斑灰岩为主，CaO 含量一般大于 50%，MgO 含量一般小于 5%，大部分为优质矿石，可作为建筑石料用灰岩、水泥灰岩，少部分可作为熔剂灰岩使用。

第二节　矿产资源开发利用状况

一、矿产资源开发利用现状

（一）矿产资源开发现状

本市矿产资源开发利用历史悠久，目前开发利用的矿产主要有煤、煤层气、铁、铝土矿、石灰岩、白云岩、陶瓷黏土、砂岩、花岗岩、页岩、角闪岩等 11 种矿产资源。

1. 矿山规模

全市矿山按矿山规模分为大型、中型、小型三类。大型矿山 51 座，面积 2 964. 70 km^2；中型矿山 108 座，面积 918. 10 km^2；小型矿山 355 座，面积 120. 15 km^2。各县区矿山数量及面积按矿山规模统计见表 3-1。

2. 矿山类型

全市矿山按矿山类型分为能源矿山、建材及其他非金属矿产矿山、黑色金属及其他矿产资源矿山三类。能源矿山 227 座，面积 3 961. 93 km^2；建材及其他非金属矿产矿山 200 座，面积 9. 31 km^2；黑色金属及其他矿产资源矿山 87 座，面积 31. 71 km^2。各县区矿山数量及面积按矿山资源统计见表 3-2。

表 3-1　矿山数量及面积按矿山规模统计

矿山规模	大型		中型		小型		合计	
	座数	面积（km^2）	座数	面积（km^2）	座数	面积（km^2）	座数	面积（km^2）
城区	3	88.47	5	24.20	54	8.60	62	121.27
高平市	13	258.63	23	169.38	5	0.14	41	428.15
陵川县	0	0	9	44.52	54	15.14	63	59.66
沁水县	20	2 328.27	19	360.12	13	41.17	52	2 729.57
阳城县	6	97.35	23	162.55	13	10.91	42	270.81
泽州县	9	191.98	29	157.33	216	44.18	254	393.49
合计	51	2 964.70	108	918.10	355	120.15	514	4 002.94

表 3-2　矿山数量及面积按矿山资源统计

矿山规模	能源矿山		建材及其他非金属矿产		黑色金属及其他矿产资源矿山		合计	
	座数	面积（km^2）	座数	面积（km^2）	座数	面积（km^2）	座数	面积（km^2）
城区	33	121.15	29	0.13	0	0	62	121.27
高平市	34	427.85	7	0.31	0	0	41	428.15
陵川县	21	53.66	22	3.05	20	2.96	63	59.66
沁水县	40	2 726.01	8	0.11	4	3.45	52	2 729.57
阳城县	29	261.97	12	0.92	1	7.92	42	270.81
泽州县	70	371.30	122	4.80	62	17.39	254	393.48
合计	227	3 961.93	200	9.31	87	31.71	514	4 002.95

3. 矿山经济类型

全市矿山按矿山经济类型分为国有、集体、座体、合资、个体、其他等几类。国有矿山 72 座，面积 3 002.38 km^2；集体矿山 212 座，面积 514.23 km^2；个体矿山 188 座，面积 9.21 km^2；合资矿山 41 座，面积 476.79 km^2；其他矿山 1 座，面积 0.34 km^2。各县区矿山数量及面积按矿山经济类型统计见表 3-3。

表 3-3　矿山数量及面积按矿山经济类型统计

经济类型	国有		集体		个体		合资		其他		小计	
	座数	面积（km^2）	座数	面积（km^2）	座数	面积（km^2）	座数	面积（km^2）	座数	面积（km^2）	座数	面积（km^2）
城区	8	111.98	25	9.17	29	0.13	0	0	0	0	62	121.27
高平市	0	0	0	0	3	0.07	38	428.08			41	428.15
陵川县	4	20.63	23	34.52	36	4.52			0	0	63	59.66
沁水县	28	2 542.32	14	176.49	8	1.01	1	9.40	1	0.34	52	2 729.57
阳城县	25	201.66	7	29.75	9	0.58	1	38.82			42	270.81
泽州县	7	125.79	143	264.30	103	2.91	1	0.48	0		254	393.48
合计	72	3 002.38	212	514.23	188	9.21	41	476.79	1	0.34	514	4 002.95

4. 矿山开采方式

全市矿山按矿山开采方式分为露天开采、井下开采、井工及露天开采三类。露天开采矿山 213 座,面积 1 843. 85 km^2;井下开采矿山 292 座,面积 66. 63 km^2;井工及露天开采矿山 9 座,面积 2 092. 47 km^2。各县区矿山数量及面积按矿山开采方式统计见表 3-4。

表 3-4　矿山数量及面积按开采方式统计

开采方式	露天开采		井下开采		井工及露天开采		合计	
	座数	面积(km^2)	座数	面积(km^2)	座数	面积(km^2)	座数	面积(km^2)
城区	29	121. 15	33	0. 13			62	121. 27
高平市	7	427. 85	34	0. 31			41	428. 15
陵川县	31	55. 33	32	4. 33	0	0	63	59. 66
沁水县	8	636. 98	35	0. 11	9	2 092. 47	52	2 729. 57
阳城县	12	262. 19	30	8. 62	0	0	42	270. 81
泽州县	126	340. 36	128	53. 13	0	0	254	393. 48
合计	213	1 843. 85	292	66. 63	9	2 092. 47	514	4 002. 95

(二)矿产资源利用现状

煤炭是晋城市主要开发利用矿产和支柱产业,2016 年晋城市煤炭矿山总数 227 个,其中生产矿山 80 座,矿区面积 1 006. 55 km^2,采空区面积 319. 24 km^2;基建矿山 56 座,面积 736. 54 km^2,采空区面积 125. 20 km^2;闭坑矿山 2 座,面积 15. 33 km^2,采空区面积 9. 31 km^2;关闭矿山(包括闭坑、关闭、政策性关闭)65 座,面积 101. 75 km^2,采空区面积 60. 08 km^2;废弃矿山 26 座,面积 9. 28 km^2,采空区面积 0. 29 km^2;矿区总面积为 1 869. 46 km^2,采空区总面积 214. 11 km^2。现有企业保有储量 119. 35 亿 t。煤炭生产规模共计 13 785 万 t,煤炭矿山生产规模均在 45 万 t 以上,大型矿山 51 座,中型矿山108座。中小矿山比例为51∶108，煤炭产量7 525.62万t，矿业产值329.22亿元，占本市矿业总产值的99.95%。截至2016年底，晋城市煤矿采出矿石量214 003.86万t。

晋城市非煤矿山主要包括硫铁矿、建筑用砂岩矿、石灰岩矿、铁矿、陶瓷土矿等，截至2016年底，硫铁矿采出矿石量13 111.88万t，建筑用砂岩矿累计采出矿石量85.49万t，石灰岩矿累计采出矿石量10 763.28万t，铁矿累计采出矿石量275.49万t。

二、矿业远景开发规划

煤炭生产过程中，应加大煤矿产资源、煤层气资源勘查力度，加强石灰岩、黏土矿、铁矿、铝土矿的综合开发利用，加快矿业经济结构战略性调整，引进和采用新技术、新工艺，改变粗放落后的生产方式，增加高科技含量，增加高附加值的新产品、新品种，提高产品质量、档次，节能降耗、低碳发展。减少环境污染，使矿产资源和矿山生态环境切实得到保护，通过对传统产业、产品的升级改造，推进全市矿业经济的快速健康发展。

三、晋城市各县矿产资源开发利用情况

晋城市城区矿产资源开发利用概况：截至2016年底，晋城市城区发现的矿产主要有煤、铁矿、含锰铁矿、硫铁矿、铝土矿、铁矾土、石灰岩、陶瓷黏土、耐火黏土、水泥用黏土、矿泉水等10余种。有查明资源储量的矿产仅有煤炭1种。煤炭为本区优势矿产。本区目前开发利用的矿产仅有煤炭1种。截至2016年底，共有矿山企业8家，全部为煤炭矿山。按矿山规模计，有大型矿山3个，中型矿山5个。全区煤炭矿山生产规模总计1 120万t，煤炭产量860.64万t，矿业产值231 651.28万元。

泽州县矿产资源开发利用概况：截至2016年底，泽州县发现的矿产主要有煤炭、煤层气、铁矿、含锰铁矿、硫铁矿、铝土矿、铁矾

土、石灰岩、白云岩、陶瓷黏土、耐火黏土、水泥用黏土、矿泉水等10余种。有查明资源储量的矿产仅有煤炭1种。具有资源优势并在经济发展中占有重要地位的矿产有煤、石灰岩等。

泽州县矿产资源开发利用历史悠久,矿业及其相关产业在经济中占据极其重要的位置。目前开发利用的矿产主要有煤、石灰岩和砂岩3种。截至2016年底,共有各类矿山开采企业46家,按矿产种类计,有煤矿35家,石灰岩10家,砂岩1家。按矿山规模计,有大型矿山9个,占矿山总数的19.6%;中型矿山29个,占矿山总数的63%。全县矿石开采总量1 770.85万t,矿业总产值713 413.06万元。煤炭矿山35个,生产规模总计3 615万t,大中矿山比例为7:28,煤炭产量1 751.43万t,矿业产值713 056.82万元,占全县矿业总产值的99.95%。

高平市矿产资源开发利用概况:截至2016年底,高平市发现的矿种有煤炭、铁矿、石灰岩、铝矿、砖瓦黏土等10余种。其中已查明资源储量的矿产有煤和石灰岩两种。煤炭在本市经济社会发展中占有重要地位。共有各类矿山开采企业41家,按矿产种类计,有煤矿34家,石灰岩7家。按矿山规模计,有大型矿山13个,占矿山总数的33%;中型矿山23个,占矿山总数的54%;小型矿山5个,占矿山总数的13%。矿石开采总量1 772.11万t,矿业总产值686 351.68万元。煤炭为本市支柱产业,生产规模共计3 860万t,均为中型以上矿山,大中矿山比例为13:21,煤炭产量1 765.34万t,总产值686 223.68万元,占本市矿业总产值的99.98%。

阳城县矿产资源开发利用概况:截至2016年底,已发现矿产17种,主要有煤、煤层气、铁、铝土矿、铜、铅、锌、水晶、重晶石、石灰岩、白云岩、砂岩、陶瓷黏土、耐火黏土、油石、大理岩、矿泉水、砖瓦黏土等。有查明资源储量的矿产仅有煤1种。煤、煤层气储量丰富,为优势矿种,石灰岩、铝土矿、陶瓷黏土等具有良好的开发利用前景。矿业及其相关产业在本县经济占据极其重要的位置，截至 2016 年底，已开发利用的矿种 8 种，已生产及在建的各类矿山企业 48 座。按矿种分类，煤矿企业 29 座，占全县矿山企业总数的 59%；铝土矿 1 座，占全县矿山企业总数的 2%；水泥用灰岩 1 座，占全县矿山企业总数的 2%；建筑石料用灰岩 9 座，占全县矿山企业总数的 18%；陶瓷黏土 4 座，占全县矿山企业总数的 8%；其他矿山企业 4 个（砂岩 2 座、角闪岩 1 座、白云岩 1 座），占全县矿山企业总数 8%。按矿山规模计，大型矿山 6 个，中型矿山 23 个，小型矿山 19 个。矿石开采总量 1 289.84 万 t，矿业总产值 499 053.88 万元。其中煤炭企业生产规模共计 2 935 万 t，均为中型以上矿山，大中矿山比例为 6∶23，煤炭产量 1 254.21 万 t，总产值 498 348.34 万元，占本县矿业总产值的 99.86%。

陵川县矿产资源开发利用概况：截至 2016 年底，全县已发现矿产主要有煤、铁、硫铁矿、铝土矿、铁矾土、石灰岩、电石灰岩、白云岩、砂岩、陶瓷黏土、耐火黏土、水泥用黏土、花岗岩、大理岩、硅石、铜等 16 种。有查明资源储量的矿产有煤和大理岩 2 种。

陵川县矿产资源开发利用历史悠久，矿业在本县经济中占据重要位置。目前开发利用的矿产有 5 种，截至 2016 年底，共有各类矿山企业 19 座。按矿种分类，有煤炭矿山 7 个，铝土矿 1 个，水泥用灰岩矿山 1 个，建筑石料用灰岩矿山 8 个，建筑用页岩 1 个，饰面用花岗岩矿山 1 个。按矿山规模计，中型矿山 9 个，小型矿山 10 个。全县矿石开采总量 159.91 万 t，矿业总产值 25 056.77 万元。其中煤炭产量 134.97 万 t，总产值 24 794.15 万元，占本县矿业总产值的 98.95%。

沁水县矿产资源开发利用概况：截至 2016 年底，共发现煤、煤层气、铁、含锰铁矿、硫铁矿、磁铁矿、铝土矿、耐火黏土、砖瓦黏土、砂岩、石灰岩、白云岩、紫砂陶土、硅石、重晶石、磷灰石、饮用天然矿泉水、地热及铜、铅、锌、锆、钛等 23 种矿产。其中，有查明资源储量的矿产有煤和铁两种。资源储量较丰富的矿产有煤炭、煤层气、铁等 3 种。全县主要开发煤、煤层气、铁矿、石灰岩、砂岩、砖瓦用页岩等 6 种矿产资源。截至 2016 年底,共有各类矿山 52 座(不包括煤层气),其中大型矿山 20 座,中型矿山 19 座,小型矿山 13 座。按矿种分,煤矿 40 座,其余为铁矿、石灰岩、砂岩、砖瓦用页岩等。全县矿石产量 1 760.21 万 t,矿业总产值 1 135 474.79 万元。煤炭是本县最重要的支柱产业,2016 年煤炭产量 1 758.01 万 t,矿业工业总产值 1 135 419.79 万元,占全县矿业总产值的 99.99%。

四、采空区分布特征

2016 年晋城市生产、在建矿山共 196 个,本次调查矿山共 514 个,其中大型矿山 51 个,大部分为煤矿,中型矿山 108 个。晋城市含煤地层主要是石炭系太原组和二叠系山西组地层,局部存在铁矿的开采,现已全部关闭。由于多年的矿山采矿活动,形成的采空区面积较大,采空区地面塌陷的发生与矿山开采规模关系密切,本次调查煤矿共 218 座,矿区面积 1 869.46 km^2,采空区投影面积 514.11 km^2。非煤矿山 296 座,矿区面积 2 106.49 km^2,采空区投影面积 14.8 km^2。其中非煤矿山中煤层气矿共 9 座,矿区面积 2 092.47 km^2,采空区投影面积 0 km^2。

第四章　主要矿山地质环境问题

第一节　矿山地质环境问题类型及分布特征

一、主要矿山地质环境问题

本次调查发现，区内矿山地质环境问题主要有：矿山地质灾害，包括崩塌、滑坡、泥石流、地面塌陷、地裂缝；含水层的影响和破坏，主要指地下开采矿山由于矿井的疏干排水，造成地下含水层的下降；地形地貌景观的破坏，包括地面变形对土地的破坏，废石场、排矸场及矿山工业广场建设占用土地资源对地形地貌的破坏等。

二、分布特征

（一）地质灾害

晋城市矿山地质灾害及隐患点共计 2 510 处（已发生 2 438 处，隐患点 72 处），其中崩塌 76 处（已发生 19 处，隐患点 57 处）；滑坡 16 处（已发生 5 处，隐患点 11 处）；泥石流隐患点 4 处；地面塌陷、地裂缝 584 处。

1. 崩塌（隐患）

本次调查共发生崩塌地质灾害 19 次，其中城区发生 2 次，均为岩质崩塌，发生在以往关闭的露天采场。泽州县发生 17 次，包含岩质和土质崩塌。崩塌地质灾害发生在以往关闭的露天采场。崩塌及崩塌隐患数量见表 4-1。

表 4-1　崩塌(隐患)地质灾害分布特征

县(市、区)	类别				说明
	崩塌(处)	崩塌隐患(处)	合计(处)	百分比(%)	
城区	2	3	5	6.58	规模等级为小型
高平市		18	18	23.68	规模等级为小型
陵川县					
沁水县		10	10	13.16	规模等级为小型
阳城县					
泽州县	17	26	43	56.58	规模等级为小型
合计	19	57	76	100	

2. 滑坡(隐患)

本次调查,发生滑坡地质灾害 5 次,其中沁水县 1 处,泽州县 4 处。其中沁水县滑坡发生在山西晋城无烟煤矿业集团有限责任公司寺河煤矿范围内,为推移式土质滑坡。泽州县滑坡发生在晋城蓝焰煤业股份有限公司成庄矿 3 处,其中 2 处滑体性质为土质滑坡,1 处为滑体性质碎块石滑坡,均为推移式滑坡;1 处发生在山西省晋城晋普山煤矿,滑体性质碎块石滑坡,为推移式滑坡。滑坡及滑坡隐患数量见表 4-2。

3. 地面塌陷及地裂缝

本次调查共发现塌陷坑数量 416 处,裂缝数量 1 998 条,塌陷面积 15 261.82 hm^2,地裂缝面积 2 366.73 hm^2,造成人员死亡 0 人,破坏农田 79 375.50 亩,破坏房屋 4 834 间,直接经济损失 24 639.82 万元。其中,泽州县塌陷坑 186 处,塌陷面积 4 662.610 hm^2;城区塌陷坑 81 处,塌陷面积 1 236.10 hm^2;高平市塌陷坑 95 处,塌陷面积 4 767.60 hm^2;陵川县塌陷坑 16 处,塌陷面积 782.19 hm^2;沁水县塌陷坑 1 处,塌陷面积 1 160.32 hm^2;阳城县塌陷坑

表 4-2 滑坡(隐患)地质灾害分布特征

县(市、区)	类别				说明
	滑坡(处)	滑坡隐患(处)	合计(处)	百分比(%)	
城区		2	2	12.50	规模等级为小型
高平市		3	3	18.75	规模等级为小型
陵川县					
沁水县	1	5	6	37.50	规模等级为小型
阳城县					
泽州县	4	1	5	31.25	规模等级为小型
合计	5	11	16	100	

37 处,塌陷面积 2 653.00 hm^2(见表 4-3)。

各类矿山地质灾害造成的直接经济损失 24 752.82 万元,损毁房屋 4 868 间,威胁人数 583 人,威胁财产 3 959 万元。

其中崩塌地质灾害及隐患点共计造成人员死亡 0 人,损毁房屋 28 间,直接经济损失 13 万元,威胁人数 468 人,威胁财产 2 851 万元。

滑坡地质灾害及隐患点共计造成人员死亡 0 人,损毁房屋 6 间,直接经济损失 100 万元,威胁人数 99 人,威胁财产 843 万元。

泥石流隐患点,威胁人数 16 人,威胁财产 265 万元。

(二)含水层破坏

晋城市由于矿业开发活动造成地下含水层下降,下降面积为 63 124.51 hm^2,从含水层下降面积在全市的分布来看,高平市下降面积最大一处为 26 636.45 hm^2(高平市地面塌陷面积最大为 26 636.45 hm^2),城区次之为 11 226.82 hm^2,陵川县地下含水层下降面积 2 521.59 hm^2,沁水县地下含水层下降面积 6 680.50 hm^2,阳城县地下含水层下降面积 6 569.58 hm^2,泽州县地下含水层下降面积 9 489.57 hm^2(见表 4-4)。

表 4-3　晋城市地质灾害及危害统计

项目		城区	高平市	陵川县	沁水县	阳城县	泽州县	合计
地质灾害情况	发生次数	2	0	0	1	0	21	24
	直接经济损失(万元)	5 292.95	2 445.60	1 322.00	221.30	11 452.46	4 018.51	24 752.82
	死亡人数(人)	0	0	0	0	0	0	0
崩塌	发生次数	2	0	0	0	0	17	19
	直接经济损失(万元)	5	0	0	0	0	8	13
	死亡人数(人)	0	0	0	0	0	0	0
滑坡	发生次数	0	0	0	1	0	4	5
	直接经济损失(万元)	0	0	0	50	0	50	100
	死亡人数(人)	0	0	0	0	0	0	0

续表 4-3

项目		城区	高平市	陵川县	沁水县	阳城县	泽州县	合计
泥石流	发生次数	0	0	0	0	0	0	0
	直接经济损失(万元)	0	0	0	0	0	0	0
	死亡人数(人)	0	0	0	0	0	0	0
地面塌陷及裂缝	塌陷坑数量(处)	81	95	16	1	37	186	416
	塌陷面积(hm^2)	1 236.10	4 767.60	782.19	1 160.32	2 653.00	4 662.61	15 261.82
	裂缝数量(条)	578	186	22	407	114	691	1 998
	破坏农田(亩)	8 560.90	22 405.50	5 564.34	6 701.41	12 225.00	23 918.35	79 375.50
	破坏房屋(间)	1 442	108	53	92	163	2 976	4 834
	直接经济损失(万元)	5 287.95	2 445.60	1 322.00	171.30	11 452.46	3 960.51	24 639.82
	死亡人数(人)	0	0	0	0	0	0	0

表 4-4　晋城市含水层影响和破坏统计

县(市、区)	城区	高平市	陵川县	沁水县	阳城县	泽州县	合计
影响面积(hm^2)	11 226.82	26 636.45	2 521.59	6 680.50	6 569.58	9 489.57	63 124.51

(三)地形地貌景观的影响与破坏及土地资源占用破坏

全区内由于矿山开采占用破坏的土地资源约 21 635.75 hm^2，从行政区域看，城区破坏土地 1 877.41 hm^2，高平市破坏土地 5 418.72 hm^2，陵川县破坏土地 1 144.65 hm^2，沁水县破坏土地 3 740.79 hm^2，阳城县破坏土地 2 990.62 hm^2，泽州县破坏土地 6 463.57 hm^2(见图 4-1)。矿山工业场地、露天采场、废渣(土)场、煤矸场对原生地形地貌景观的影响与破坏及土地资源占用破坏分布特征见表 4-5。

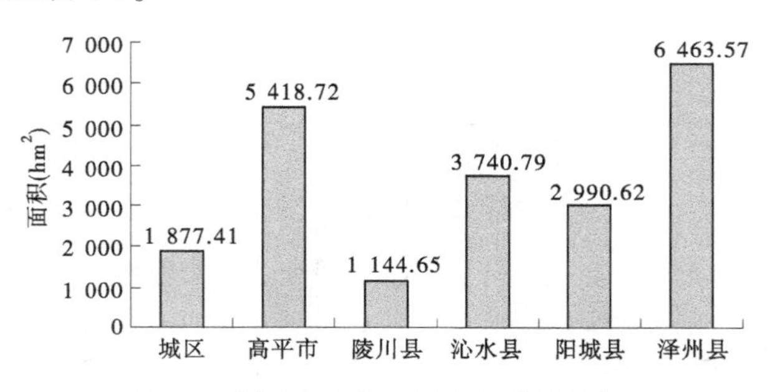

图 4-1　晋城市破坏土地面积统计柱状图

按照破坏地类来分，其中草地 3 610.52 hm^2，耕地 6 862.32 hm^2，林地 5 448.39 hm^2，园地 615.41 hm^2，建筑 1 017.69 hm^2，其他地类为 4 081.42 hm^2(见图 4-2)。

表 4-5　地形地貌景观的影响与破坏及土地资源占用破坏分布特征

土地破坏类型	分布	个数（处）
工业场地	城区 8 处、高平市 46 处、陵川县 9 处、沁水县 25 处、阳城县 29 处、泽州县 38 处	155
露天采场	城区 29 处、高平市 7 处、陵川县 22 处、沁水县 8 处、阳城县 12 处、泽州县 122 处	200
废渣（土）场	城区 2 处、高平市 9 处、陵川县 5 处、阳城县 8 处、泽州县 27 处	51
煤矸场	城区 4 处、高平市 32 处、陵川县 3 处、沁水县 17 处、阳城县 17 处、泽州县 9 处	82

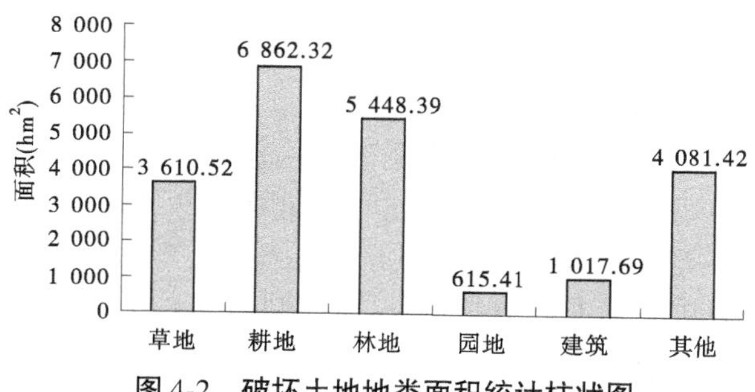

图 4-2　破坏土地地类面积统计柱状图

按照破坏方式划分，崩塌破坏各类土地面积 1.66 hm^2，其中破坏林地 0 hm^2，草地 0 hm^2，耕地 0.13 hm^2，园地 0 hm^2，建筑 0.03 hm^2，其他 1.49 hm^2。

滑坡破坏各类土地面积 4.92 hm^2，其中破坏林地 2.69 hm^2，草地 1.36 hm^2，耕地 0 hm^2，园地 0 hm^2，建筑 0.09 hm^2，其他 0.79 hm^2。

露天采场破坏各类土地面积 790.91 hm^2，其中破坏林地

86. 17 hm^2,草地 320. 19 hm^2,耕地 66. 77 hm^2,园地 1. 53 hm^2,建筑 26. 62 hm^2,其他 289. 64 hm^2。

废石堆场 49 处,破坏各类土地面积 53. 55 hm^2,其中破坏林地 5. 49 hm^2,草地 28. 89 hm^2,耕地 8. 42 hm^2,园地 0 hm^2,建筑 1. 81 hm^2,其他 8. 95 hm^2。

尾矿库 1 处,破坏各类土地面积 3. 48 hm^2,其中破坏林地 0 hm^2,草地 3. 48 hm^2,耕地 0 hm^2,园地 0 hm^2,建筑 0 hm^2,其他 0 hm^2。

煤矸石堆 82 处,破坏各类土地面积 529. 87 hm^2,其中破坏林地 60. 67 hm^2,草地 201. 75 hm^2,耕地 142. 21 hm^2,园地 8. 35 hm^2,建筑 13. 67 hm^2,其他 103. 21 hm^2。

其他类型破坏各类土地面积 2 814. 35 hm^2,其中破坏林地 864. 41 hm^2,草地 464. 05 hm^2,耕地 1 039. 42 hm^2,园地 17. 65 hm^2,建筑 9. 28 hm^2,其他 419. 55 hm^2。

工业广场占用各类土地面积 2 159. 67 hm^2,其中破坏林地 69. 95 hm^2,草地 272. 43 hm^2,耕地 299. 32 hm^2,园地 5. 40 hm^2,建筑 471. 37 hm^2,其他 1 041. 21 hm^2。

土壤污染面积 15. 01 hm^2,其中破坏林地 0 hm^2,草地 0. 65 hm^2,耕地 14. 36 hm^2,园地 0 hm^2,建筑 0 hm^2,其他 0 hm^2(见表 4-6)。

按照矿类划分,其中黑色金属矿破坏土地 83. 33 hm^2,化工原料及非金属矿破坏土地 121. 79 hm^2,建材及其他非金属矿破坏土地 828. 78 hm^2,能源矿破坏土地 20 582. 46 hm^2,有色金属矿破坏土地 19. 40 hm^2。根据统计结果,由于能源矿产的矿区分布面积最大,生产、在建矿山的数量面积最大,因此能源矿产破坏土地资源面积最大(见表 4-7)。

表 4-6　晋城市土地破坏按破坏方式统计

土地破坏	耕地(hm^2)	林地(hm^2)	草地(hm^2)	园地(hm^2)	建筑(hm^2)	其他(hm^2)	合计(hm^2)	数量(处)
崩塌	0.13	0	0	0	0.03	1.49	1.66	19
地裂缝	619.21	1 176.89	352.52	66.26	24.24	127.62	2 366.73	1 998
地面坍塌	4 672.49	3 182.14	1 965.20	516.22	470.59	2 088.95	12 895.60	416
废石(土、渣)堆场	8.42	5.49	28.89	0	1.81	8.95	53.55	49
工业广场	299.32	69.95	272.43	5.40	471.37	1 041.21	2 159.67	145
滑坡	0	2.69	1.36	0	0.09	0.79	4.92	5
露天采场	66.77	86.17	320.19	1.53	26.62	289.64	790.91	200
露天采坑	0	0	0	0	0	0	0	
煤矸石堆	142.21	60.67	201.75	8.35	13.67	103.21	529.87	82
泥石流	0	0	0	0	0	0	0	4
其他	1 039.41	864.41	464.05	17.65	9.28	419.55	2 814.35	
山体破损	0	0	0	0	0	0	0	
尾矿库	0	0	3.48	0	0	0	3.48	1
污染土地	14.36	0	0.65	0	0	0	15.01	1
小计	6 862.32	5 448.39	3 610.52	615.41	1 017.69	4 081.42	21 635.76	

表 4-7　晋城市破坏按矿类土地资源统计　（单位：hm^2）

县（市、区）	黑色金属矿	化工原料非金属矿	建材及其他非金属矿	能源矿	有色金属矿	合计
城区			17.82	1 859.59		1 877.41
高平市			20.61	5 398.11		5 418.72
陵川县	78.35	7.15	214.16	844.99		1 144.65
沁水县	4.98		14.49	3 721.32		3 740.79
阳城县			36.84	2 934.38	19.40	2 990.62
泽州县		114.64	524.85	5 824.09		6 463.57
合计	83.33	121.79	828.78	20 582.46	19.40	21 635.76

（四）废水废液及固体废弃物

1. *废水废液*

矿山年产出废水废液 8 508.74 万 t，年排放废水废液 2 389.16 万 t，年综合利用量 6 119.58 万 t，综合利用率 71.9%。其中矿坑水年产出 7 181.81 万 t，年排放 2 028.63 万 t；选矿废水年产出 25 万 t，年排放 10 万 t；洗煤水年产出 54 万 t，年排放 0 万 t；生活废水年产出 1 247.93 万 t，年排放 350.53 万 t（见表 4-8）。

表 4-8　废水废液产出、排放量统计　（单位：万 t）

废水废液	矿坑水	选矿废水	洗煤水	生活废水	堆浸废水	小计
年产出量	7 181.81	25	54	1 247.93	0	8 508.74
年排放量	2 028.63	10	0	350.53	0	2 389.16
合计	9 210.44	35	54	1 598.46	0	10 897.9

2. 固体废弃物

晋城市共发现煤矸石堆 82 个,废渣堆 49 个,其中城区煤矸石堆 4 个;沁水县煤矸石堆 17 个;高平市煤矸石堆 32 个,废渣堆 9 个;阳城县煤矸石堆 17 个,废渣堆 8 个;泽州县煤矸石堆 9 个,废渣堆 27 个;陵川县煤矸石堆 3 个,废渣堆 5 个。

根据调查,固体废弃物积存量为 4 578.18 万 t,其中城区 1 760.15 万 t,泽州县 1 393.01 万 t,陵川县 1.50 万 t,高平市 667.58 万 t,阳城县 24.40 万 t,沁水县 731.54 万 t(见表 4-9)。

晋城市固体废弃物年产出量为 847.32 万 t,从行政区域看,城区 20 万 t,泽州县 187.22 万 t,陵川县 58.25 万 t,高平市 255.04 万 t,阳城县 142.82 万 t,沁水县 183.99 万 t(见表 4-9)。

晋城市固体废弃物年利用量 406.73 万 t,从行政区域看,城区 12 万 t,泽州县 31.52 万 t,陵川县 56.60 万 t,高平市 163.50 万 t,阳城县 120.11 万 t,沁水县 23 万 t(见表 4-9)。

表 4-9　固体废弃物产出、排放量统计　　(单位:万 t)

类型	开采方式	城区	高平市	陵川县	沁水县	阳城县	泽州县	合计
累计积存量	露天开采	0	1.10	1.50	0	2.00	15.64	20.24
	井下开采	1 760.15	666.48	0	731.54	22.40	1 377.37	4 557.94
	合计	1 760.15	667.58	1.50	731.54	24.40	1 393.01	4 578.18
年产出量	露天开采	0	7.10	27.50	0	4.70	13.98	53.28
	井下开采	20	247.94	30.75	183.99	138.12	173.24	794.04
	合计	20	255.04	58.25	183.99	142.82	187.22	847.32
年利用量	露天开采	0	6.00	25.90	0	2.70	1.36	35.96
	井下开采	12	157.50	30.70	23	117.41	30.16	370.77
	合计	12	163.50	56.60	23	120.11	31.52	406.73

第二节　生产、在建、停产矿山地质环境问题及其危害

根据本次调查，全市生产、在建、停产矿山共计196座，其中生产矿山111座，基建矿山85座，停产矿山0座。晋城市区内生产、在建、停产矿山矿山地质环境问题主要有：矿山地质灾害，包括崩塌、滑坡、泥石流、地面塌陷、地裂缝；含水层的影响和破坏，主要指地下开采矿山由于矿井的疏干排水，造成地下含水层的下降；地形地貌景观的破坏包括地面变形对土地的破坏、废石场、排矸场及矿山工业广场建设占用土地资源对地形地貌的破坏等。

一、矿山地质灾害及危害

根据调查，晋城市生产、在建矿山共发现崩塌12处，滑坡5处，滑坡隐患9处，地面塌陷、地裂缝537处。

（一）崩塌、滑坡

本次调查发现崩塌12处，发生在泽州县境内，直接经济损失5万元，破坏房屋20间，影响面积1.5 hm^2，规模均为小型。12处崩塌，7处边坡岩性为人工岩质崩塌，5处边坡岩性为自然岩质崩塌，崩塌类型均为倾倒型。

滑坡5处，滑坡隐患9处，其中沁水县1处（隐患5处），泽州县4处，高平隐患3处，城区隐患1处，直接经济损失100万元，破坏房屋6间。沁水县1处滑坡发生在山西晋城无烟煤矿业集团有限责任公司寺河煤矿范围内，发生时间为2016年8月，为推移式土质滑坡。泽州县滑坡发生在晋城蓝焰煤业股份有限公司成庄矿3处，其中2处滑体性质为土质滑坡，1处为滑体性质碎块石滑坡，均为推移式滑坡；1处发生在山西省晋城晋普山煤矿，滑体性质碎

块石滑坡，为推移式滑坡。

（二）地面塌陷及地裂缝

晋城市煤炭开采历史较久，开采煤层为石炭系上统太原组、山西组3号、9号、15号煤层。经过多年开采，形成了大面积的地下采空区。本次发现地面塌陷及地裂缝537处。塌陷区现状地面沉陷值为0.5~3.8 m。常见塌陷坑，多为串珠状的独立陷坑，呈长方形及圆形，直径一般为0.5~22 m，深1.2~6.0 m。地裂缝大多呈直线，少数呈折线、弧线，常成群出现。可见长度为10~200 m不等，宽度一般为0.08~1 m，可见深0.2~40 m；群缝排列多为平行，一般2~8条，多者达10多条。

本次调查生产、在建矿山共形成地面塌陷、地裂缝537处。塌陷面积11 526.883 7 hm^2，地裂缝面积2 336.726 3 hm^2，面积共13 893.61 hm^2。破坏农田45 846.33亩，破坏房屋2 351间，直接经济损失16 853.21元。

地面塌陷、地裂缝破坏土地面积为13 893.61 hm^2（见表4-10），按破坏土地地类来分，其中破坏草地1 762.804 hm^2，耕地5 098.226 hm^2，林地4 281.88 hm^2，园地582.48 hm^2，建筑479.84 hm^2，其他1 688.38 hm^2。

表4-10　采空塌陷、地裂缝破坏土地统计　（单位：hm^2）

破坏类型	土地地类						
	耕地	林地	草地	园地	建筑	其他	合计
地面坍塌	4 479.019 6	3 104.994 1	1 410.287 5	516.222 8	455.602 0	1 560.757 7	11 526.883 7
地裂缝	619.206 4	1 176.885 9	352.516 5	66.257 2	24.238 0	127.622 3	2 366.726 3
合计	5 098.226	4 281.88	1 762.804	582.48	479.84	1 688.38	13 893.61

（三）地面塌陷、地裂缝典型案例

煤层采空后，会形成一个凹陷盆地（常称为岩移盆地），并在盆地内伴生地面开裂、地面不均匀沉降变形。另外晋城市现生产煤矿均为整合矿,矿区内原多为小煤窑,主采9号、15号煤层(3号煤大部分已采空),各小煤窑采空区在一定范围内产生岩移盆地,部分由于年代久远,无处寻觅,本次调查典型的地面塌陷、地裂缝等地质灾害见图4-3~图4-6。

图4-3 巴公镇锦辰煤矿地面塌陷导致的房屋、耕地开裂

图4-4 凤凰山隔火林带公路地面塌陷、地裂缝

地面塌陷、地裂缝成因分析:地裂缝的形成与煤矿活动具有很大联系。一般形成采空区后,就会导致煤层顶部泥岩、砂岩、灰岩等岩层架空,受周围应力作用,损坏了平衡状况,受自身重力和上层覆盖岩石等因素的影响,导致岩层向下弯曲并发生一定的变形。一旦顶板岩层内部拉力应力超过岩层抗拉极限后,就会发生顶板脱落、上覆岩层移动、弯曲等问题,进而形成地面塌陷、地裂缝等地

图 4-5　王台铺矿西王台村地面塌陷

图 4-6　古书院矿地面塌陷影响耕地

质灾害。参照凤凰山煤矿基本情况，凤凰山矿煤层埋深介于55~400 m，3 号煤层厚 6.1 m，9 号煤层厚 1.7 m，15 号煤层厚2.27 m，煤层的采深采厚比为 5.46~39.7，根据经验，煤层的采深采厚比小于30时，地表会形成塌陷坑。

二、含水层影响与破坏

（一）矿坑排水量

根据本次调查结果，生产、在建矿坑排水总量为7 181.81万t，全部为能源矿山。从行政区域看，城区479.50万t，高平市2 355.54万t，陵川县151.68万t，沁水县793.82万t，阳城县1 565.65万t，泽州县1 835.22万t（见表4-11、图4-7）。一般而言，煤矿山中矿井废水及淋滤水中含有害元素少，仅表现为感官差、混浊。利用方向包括地面降尘、绿化、灌溉农田等。

表4-11　晋城市各县（市、区）矿坑排水量统计　（单位：万t）

县（市、区）	城区	高平市	陵川县	沁水县	阳城县	泽州县	合计
矿坑排水量	479.50	2 355.54	151.68	793.82	1 565.65	1 835.22	7 181.81

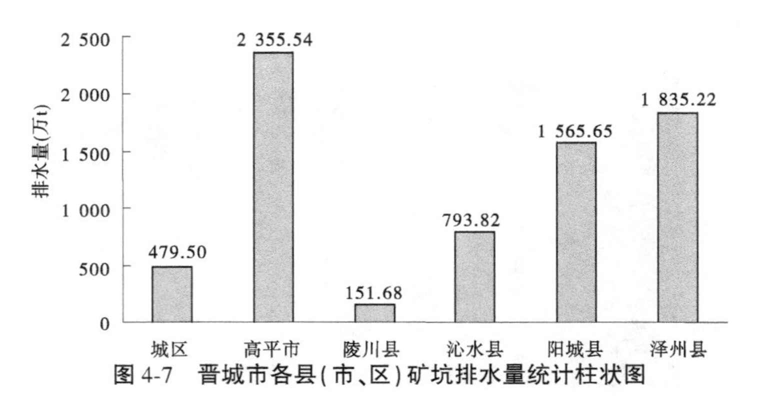

图4-7　晋城市各县（市、区）矿坑排水量统计柱状图

（二）含水层下降面积

晋城市由于矿业开发活动造成地下含水层下降，下降面积为62 759.81 hm^2，主要含水层为二叠系、石炭系煤地层，含水层包括二叠系、石炭系碎屑岩类裂隙含水层和奥陶系碳酸盐岩岩溶裂隙水。其中,高平市下降面积最大为 26 636.45 hm^2,城区次之为 11 226.82 hm^2,陵川县地下含水层下降面积为 2 156.89 hm^2,沁水县地下含水层下降面积为 6 680.50 hm^2,阳城县地下含水层下降面积为 6 569.58 hm^2,泽州县地下含水层下降面积 9 489.57 hm^2(见表 4-12、图 4-8)。

表 4-12　晋城市采矿活动导致地下含水层下降区面积统计

(单位:hm^2)

县(市、区)	城区	高平市	陵川县	沁水县	阳城县	泽州县	合计
下降面积(km^2)	11 226.82	26 636.45	2 156.89	6 680.50	6 569.58	9 489.57	62 759.81

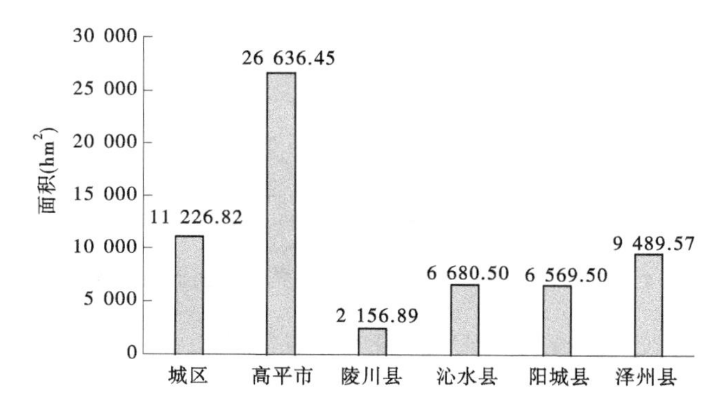

图 4-8　晋城市地下水位下降区面积统计柱状图

三、地形地貌景观破坏

晋城市矿业开发占用及破坏土地资源是一个普遍性的地质环境问题,几乎每一处矿山或多或少、不同程度地存在着各类固体废弃物(废石、废土)占用及破坏土地资源问题,如地面塌陷、地裂缝等矿山地质灾害造成土地资源的破坏、露天采矿场对土地资源造成破坏。一方面,固体废弃物的排放压占并消耗着土地资源;另一方面,矿业活动引发的地面塌陷、地裂缝等矿山地质灾害,不仅破坏地面设施,而且破坏土地资源,如塌陷区地表水漏失,水田变旱土,导致土地不能耕作、土地荒芜等现象。

据各县(市、区)矿山地质环境详细调查成果,截至 2016 年,各类生产、在建矿山地质环境问题共计破坏土地面积 18 869.63 hm^2,其中破坏草地 3 307.99 hm^2,耕地 5 784.07 hm^2,林地约 5 275.15 hm^2,园地 610.46 hm^2,建筑 784.18 hm^2,其他地类为 3 107.78 hm^2(见图 4-9)。

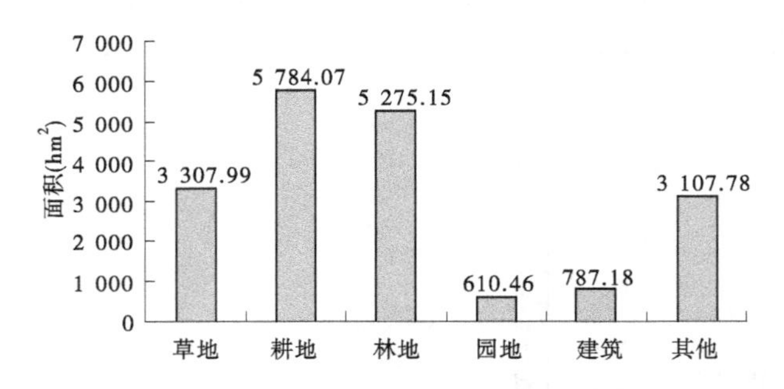

图 4-9 生产、在建矿山破坏土地地类面积统计柱状图

从行政区域看,城区破坏土地 1 315.47 hm^2,高平市破坏土地 5 418.72 hm^2,陵川县破坏土地 814.89 hm^2,沁水县破坏土地 3 737.54 hm^2,阳城县破坏土地 2 988.03 hm^2,泽州县破坏土地 4 594.98 hm^2(见图 4-10)。

根据此次调查统计,全区内由于生产、在建矿山开采占用破坏的土地资源约 18 869.63 hm^2。按照破坏方式来分,本次发生崩塌 13 处,崩塌破坏土地 0.54 hm^2;地裂缝 1 998 条,破坏土地 2 366.73 hm^2;地面坍塌 345 处,破坏土地 11 527.09 hm^2;废石(土、渣)堆场 32 个,破坏土地 33.56 hm^2;工业广场 128 处,破坏土地 1 939.16 hm^2;滑坡 3 处,破坏土地 4.57 hm^2;露天采场 54 处,破坏土地

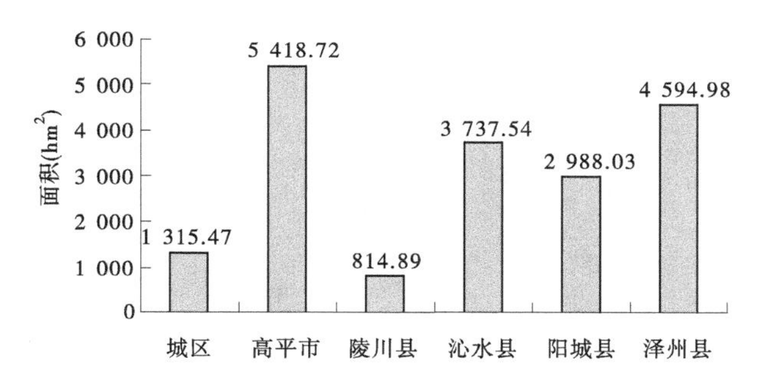

图 4-10 晋城市各县(市、区)破坏土地面积统计柱状图

178.56 hm^2;煤矸石堆 77 个,破坏土地 528.47 hm^2;其他破坏土地 2 290.95 hm^2(见表 4-13、图 4-11)。由表 4-13 可知,地面坍塌、破坏面积最大,其次为地裂缝。地面坍塌地裂缝主要分布在泽州西部的下村镇、沁水县郑村镇、端氏—阳城高速一带、沁水西部中村镇一带,城区的北石店镇一级高平的寺庄镇、陈区镇一带。

表 4-13 生产、在建矿山按破坏方式破坏土地面积统计

破坏方式	破坏面积(hm^2)	占比(%)	破坏数量(处)
崩塌	0.54	0	13
地裂缝	2 366.73	12.54	1 998
地面坍塌	11 527.09	61.09	345
废石(土、渣)堆场	33.56	0.18	32
工业广场	1 939.16	10.28	128
滑坡	4.57	0.02	3
露天采场	178.56	0.95	54
煤矸石堆	528.47	2.80	77
其他	2 290.95	12.14	
小计	18 869.63	100	

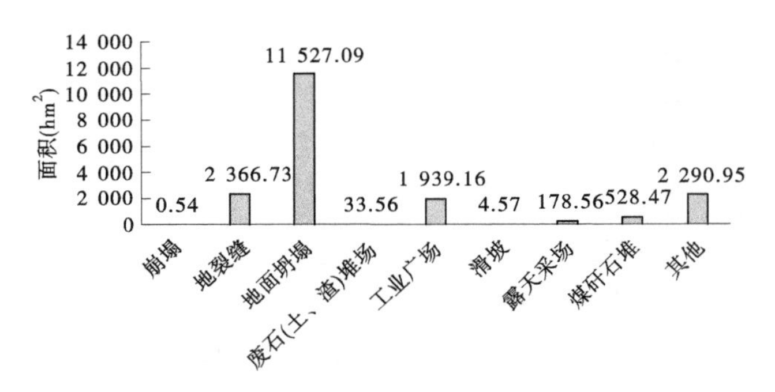

图 4-11　按破坏方式破坏土地面积统计柱状图

四、废水废液、固体废弃物

(一)废水废液情况

1. 废水废液年产出量

根据调查结果,晋城市生产、在建矿山年产出废水、废液 8 278.44 万 t。其中,城区年产出量 717.98 万 t;泽州县年产出量 2 085.60 万 t;陵川县年产出量 170.60 万 t;高平市年产出量 2 590.66 万 t;阳城县年产出量 1 919.38 万 t;沁水县年产出量 794.22 万 t(见表 4-14、图 4-12)。根据调查结果,高平市年产出废水废液最多为 2 590.66 万 t,这是因为高平市生产、在建的大型、中型能源矿山数量较大。

2. 废水废液年排放量

根据调查结果,晋城市生产、在建矿山年排放废水废液 2 360.56 万 t。其中,城区年排放量 235.80 万 t;泽州县年排放量 151.65 万 t;陵川县年排放量 18.92 万 t;高平市年排放量 290.71 万 t;阳城县年排放量 1 604.08 万 t;沁水县年排放量 59.40 万 t(见表 4-14、图 4-12)。

表 4-14　晋城市各县(市、区)废水废液产出、排放量统计

(单位:万 t)

类别	生产状态	城区	高平市	陵川县	沁水县	阳城县	泽州县	合计
年出产量	在建	52. 38	484. 76	24. 87	63. 61	342. 32	600. 21	1 568. 15
	生产	665. 60	2 105. 90	145. 73	730. 61	1 577. 06	1 485. 39	6 710. 29
	合计	717. 98	2 590. 66	170. 60	794. 22	1 919. 38	2 085. 60	8 278. 44
年排放量	在建	23. 40	54. 00	2. 27	5. 80	297. 78	25. 90	409. 15
	生产	212. 40	236. 71	16. 65	53. 60	1 306. 30	125. 75	1951. 41
	合计	235. 80	290. 71	18. 92	59. 40	1 604. 08	151. 65	2 360. 56

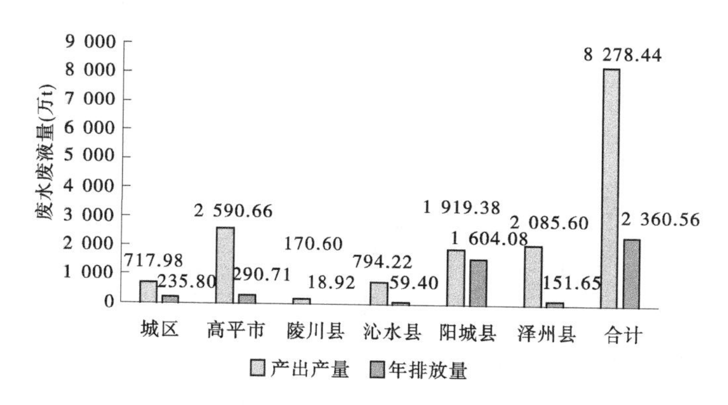

图 4-12　晋城市各县(市、区)废水废液产出、排放统计柱状图

3. 废水废液年利用量

根据调查结果,晋城市矿山企业废水废液年利用量为 0。

(二)固体废弃物情况

根据调查,晋城市固体废弃物年产出量为 847. 32 万 t。从行政区域看,城区 20 万 t,泽州县 187. 22 万 t,陵川县 58. 25 万 t,高平市 255.04 万 t,阳城县 142.82 万 t,沁水县 183.99 万 t。

固体废弃物年利用量 406.73 万 t。从行政区域看,城区 12 万 t,泽州县 31.52 万 t,陵川县 56.60 万 t,高平市 163.50 万 t,阳城县 120.11 万 t,沁水县 23.00 万 t。

固体废弃物年积存量为 3 816.26 万 t,其中城区 1 000 万 t,泽州县 1 391.24 万 t,陵川县 1.50 万 t,高平市 667.58 万 t,阳城县 24.40 万 t,沁水县 731.54 万 t。

晋城市各县(市、区)固体废弃物产出、积存、利用量统计见表 4-15、图 4-13。

表 4-15 晋城市各县(市、区)固体废弃物产出、积存、利用量统计

(单位:万 t)

类别	生产状态	城区	高平市	陵川县	沁水县	阳城县	泽州县	合计
年积存量	在建	0	11.7	0	21.96	0	99.80	133.46
	生产	1 000	655.88	1.50	709.58	24.40	1 291.44	3 682.80
	合计	1 000	667.58	1.50	731.54	24.40	1 391.24	3 816.26
年产出量	在建	0	15.20	7.50	15.77	5.17	39.53	83.17
	生产	20	239.84	50.75	168.22	137.65	147.69	764.15
	合计	20	255.04	58.25	183.99	142.82	187.22	847.32
年利用量	在建	0	3.50	7.50	9.30	5.17	15.42	40.89
	生产	12	160	49.10	13.70	114.94	16.10	365.84
	合计	12	163.50	56.60	23.00	120.11	31.52	406.73

煤矿产生的固体废弃物主要为煤矸石,矸石中含有少量的硫,其他有害元素很少,因此对土石、水体污染较小,主要利用方向可填筑路基、修路,利用煤矸石制砖等。建筑石料如灰岩矿产生的固体废弃物可用来修路、回填采坑等。

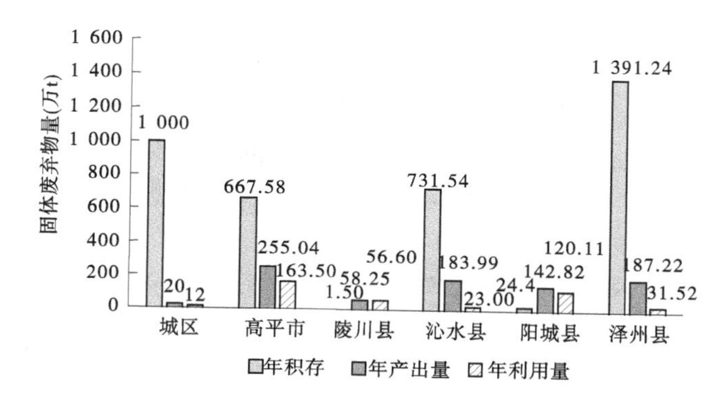

图 4-13　晋城市各县(市、区)固体废弃物年积存、年产出、年利用统计柱状图

第三节　闭坑、废弃矿山地质环境问题及其危害与历史遗留矿山地质环境问题

一、闭坑、废弃矿山地质环境问题及其危害

本次共调查闭坑、关闭、废弃矿山 318 个,其中闭坑矿山 2 个,废弃矿山 56 个,关闭矿山 260 个。大部分矿山关闭时间为 2010 年之前。

(一)矿山地质灾害及危害

本次调查发现闭坑、废弃矿山崩塌 5 处,直接经济损失 3 万元。地面塌陷、地裂缝数量 47 处,塌陷面积 3 734.68 hm^2,破坏农田 33 517.1 亩,破坏房屋 2 483 间,直接经济损失 7 786.61 元。

1. 崩塌

本次调查发现闭坑、废弃矿山崩塌 5 处,其中 2 处发生在城区,3 处发生在泽州县境内,直接经济损失 3 万元,破坏房屋 20 间,影响面积 0. 155 hm^2,规模均为小型。城区 2 处中 1 处发生在城区德育石场,为人工岩质滑移式崩塌,发生时间为 2017 年 6 月,另 1 处发生在古书院矿,为自然土质倾倒式崩塌,发生时间为 2015 年 9 月;泽州县 3 处崩塌,分别发生在泽州县金村镇鑫茂石场、泽州县金村镇坂头村李军石场、泽州县巴公镇西头村深山石料厂,边坡岩性均为人工岩质崩塌,崩塌类型均为倾倒型。

2. 地面塌陷、地裂缝

本次调查闭坑、关闭矿山共发现地面塌陷、地裂缝数量 47 处,塌陷面积 3 734. 68 hm^2,破坏农田 33 517. 1 亩,破坏房屋 2 483 间,直接经济损失 7 786. 61 元(见表 4-16)。

表 4-16　晋城市闭坑、废弃矿山地面塌陷面积、处数统计

县(市、区)	城区	高平市	陵川县	沁水县	阳城县	泽州县	合计
塌陷处数量(个)	29	0	4	1	0	13	47
塌陷面积(hm^2)	590. 21	623. 24	155. 02	1 160. 32	0	1 205. 89	3 734. 68

(二)含水层影响和破坏

晋城市闭坑、废弃矿山由于矿业开发活动造成地下含水层下降,下降面积 7 869. 50 hm^2,主要含水层为二叠系、石炭系煤地层。含水层包括二叠系、石炭系碎屑岩类裂隙含水层和奥陶系碳酸盐岩岩溶裂隙含水层。其中城区地下水下降面积为 7 504. 80 hm^2,陵川县地下含水层下降面积 364. 70 hm^2(见表 4-17)。

表 4-17　晋城市采矿活动导致地下含水层下降区面积统计

（单位：hm^2）

县（市、区）	城区	高平市	陵川县	沁水县	阳城县	泽州县	合计
下降面积（km^2）	7 504.80	0	364.70	0	0	0	7 869.50

（三）地形地貌景观破坏

1. 按照破坏方式划分

闭坑、废弃矿山开采占用破坏的土地资源约 2 766.12 hm^2，按照破坏方式来分，崩塌破坏土地 1.12 hm^2，地面坍塌破坏土地 1 368.51 hm^2，废石（土、渣）堆场破坏土地 20.00 hm^2，工业广场破坏土地 220.51 hm^2，滑坡破坏土地 0.35 hm^2，露天采场破坏土地 612.35 hm^2，煤矸石堆破坏土地 1.40 hm^2，其他破坏土地 538.40 hm^2，尾矿库破坏土地 3.48 hm^2（见表 4-18）。

表 4-18　闭坑、废弃矿山按破坏方式破坏土地面积统计

破坏方式	破坏面积（hm^2）	占比（%）	处数、条数	说明
崩塌	1.12	0	6	
地裂缝	0	12.54	0	
地面坍塌	1 368.51	61.09	71	
废石（土、渣）堆场	20.00	0.18	17	
工业广场	220.51	10.28	17	
滑坡	0.35	0.02	2	
露天采场	612.35	0.95	146	
煤矸石堆	1.40	2.80	5	
其他	538.40	12.06		
尾矿库	3.48			
小计	2 766.12	100		

2. 按照各县(市、区)破坏面积和破坏地类划分

闭坑、废弃矿山开采占用破坏的土地资源约 2 766.12 hm^2。从行政区域看,城区 561.94 hm^2,陵川县 329.75 hm^2,沁水县 3.25 hm^2,阳城县 2.59 hm^2,泽州县 1 868.59 hm^2(见表 4-19)。

表 4-19 晋城市各县(市、区)生产、在建矿山破坏土地面积统计

县(市、区)	城区	高平市	陵川县	沁水县	阳城县	泽州县	合计
破坏面积(km^2)	561.94	0	329.75	3.25	2.59	1 868.59	2 766.12

按照破坏土地地类来分,其中草地 302.52 hm^2,耕地 1 078.25 hm^2,林地 173.25 hm^2,园地 4.95 hm^2,建筑 233.50 hm^2,其他地类为 973.65 hm^2(见表 4-20)。

表 4-20 晋城市关闭、闭坑矿山破坏土地面积统计

地类	草地	耕地	林地	园地	建筑	其他	合计
破坏面积(km^2)	302.52	1 078.25	173.25	4.95	233.50	973.65	2 766.12

3. 典型案例

本次调查的闭坑、废弃矿山中,其中部分废弃小煤矿在 20 世纪 90 年代已经关闭,以往废弃的井筒大部分无法寻觅,基本全部改造成了仓库、居民用房、道路等,此外影响矿山地质环境问题的主要以采石场为主(见图 4-14～图 4-17)。

由于以往关闭煤矿、铁矿等地下开采矿山关闭时间长,历史久远,对地形地貌景观影响较轻,但以往的露天开采的采石场特别是沿高速公路、省道等主要交通干线两侧的采石场对地形地貌景观的影响很严重,晋城市现有露天采场约 200 个,破坏土地总面积 790.91 hm^2,露天采场的开采对周围地形地貌景观的破坏程度较

图 4-14　东上庄煤矿已变成仓库

图 4-15　椿树头煤矿变成机电厂

大，影响较严重；本次调查晋城市泽州县发现一处尾矿库，尾矿库破坏土地面积为 3.49 hm^2。如晋城市城区环城高速两侧废弃采石场是 20 世纪八九十年代，当地采石场的开采和居民占山无序开

图 4-16　晋城市城区福保石场

图 4-17　城区德义石料场

采,造成山体千疮百孔(采矿权人已灭失),特别是西环高速公路沿线采石场,由于当地居民的私挖乱采,形成多处高 5~65 m,边坡角 55°~85°的高陡险坡,存在崩塌、滑坡地质灾害隐患,严重破坏了当地的地形地貌景观和环城高速公路两侧可视范围内的地形地貌景观，危及当地居民的生命财产安全(见图 4-18～图 4-23)。

图 4-18　郜匠成林石料厂

图 4-19　郜匠宏图石料厂

图 4-20　国光石料有限公司

图 4-21　广磊石料厂

图 4-22　林土石子厂

图 4-23　东掩石场

(四)废水废液、固体废弃物

1. 废水废液排放情况

根据调查结果,城区闭坑、废弃矿山年产出废水废液 230.3 万

t,其他县(区)为0,城区闭坑、废弃矿山年排放废水废液28.6万t,其他县(区)为0。

2. 固体废弃物情况

晋城市关闭、闭坑、废弃矿山固体废弃物累计积存761.92万t,其中城区760.15万t,泽州县1.77万t。晋城闭坑、废弃矿山固体废弃物年产出量和利用量均为0。

二、历史遗留矿山地质环境问题

现将2006年以前矿山地质环境问题、2006~2014年的矿山地质环境问题和2014年后发生的矿山地质环境问题分述如下。

(一)2006年前矿山地质环境问题

1. 矿山地质灾害及危害

根据本次调查,2006年前发现地面塌陷27处,地面塌陷面积929.64 hm^2。由于地面塌陷、地裂缝破坏农田13 944.60亩,破坏房屋242间。直接经济损失1 346.50万元。

2. 地形地貌景观破坏

根据本次调查,2006年前由于采矿活动破坏土地面积1 334.07 hm^2。

按照破坏方式来分:地裂缝26条,破坏土地面积96 hm^2;地面塌陷22处,破坏土地面积833.64 hm^2;露天采场78个,破坏土地面积303.93 hm^2;煤矸石堆17处,破坏土地面积97.02 hm^2;尾矿库1处,破坏土地面积3.48 hm^2(见表4-21)。

按照破坏地类划分,其中草地348.50 hm^2,耕地155.89 hm^2,林地315.89 hm^2,园地11.73 hm^2,建筑109.23 hm^2,其他地类为392.82 hm^2。

表 4-21　晋城市 2006 年前采矿活动对土地资源占用破坏统计

土地破坏	耕地 (hm^2)	林地 (hm^2)	草地 (hm^2)	园地 (hm^2)	建筑 (hm^2)	其他 (hm^2)	合计 (hm^2)	数量 (处)
地裂缝	3.52	17.53	6.56	7.53	0.32	60.54	96	26
地面坍塌	85.64	205.33	303.13	3.32	108.91	127.30	833.64	22
露天采场	66.73	38.02	22.01	0.88		176.29	303.93	78
煤矸石堆		55.01	13.32			28.69	97.02	17
尾矿库			3.48				3.48	1
小计	155.89	315.89	348.50	11.73	109.23	392.82	1 334.07	

3. 含水层影响和破坏

2006 年前，晋城市由于矿业开发活动造成地下含水层下降，下降面积 42 924.60 hm^2，主要含水层为二叠系、石炭系煤地层，含水层包括二叠系、石炭系碎屑岩类裂隙含水层和奥陶系碳酸盐岩岩溶裂隙含水层。

4. 固体废弃物

2006 年前，晋城市由于矿业开发活动，固体废弃物积存量为 1 437.41 万 t，其中废渣 5.67 万 t，煤矸石 1 431.74 万 t。

(二) 2006～2014 年矿山地质环境问题

1. 矿山地质灾害及危害

2006～2014 年，调查发现崩塌 17 处，分布面积 1.495 0 hm^2，破坏房屋 28 间，直接经济损失 8 万元；滑坡 5 处，分布面积 4.92 hm^2，破坏房屋 6 间，直接经济损失 100 万元。

本次调查，发现地面塌陷共计 351 处，其中塌陷坑数量 291 个，地裂缝数量 1 353 条，塌陷面积 96.994 3 hm^2。由于地面塌陷、地裂缝破坏农田 50 843 亩，破坏房屋 2 936 间，直接经济损失 17 594.58 万元。

2. 地形地貌景观破坏

根据本次调查，2006～2014 年由于采矿活动破坏土地面积 16 049. 47 hm^2。

按照破坏方式来分：其中崩塌 17 处，破坏土地面积 1. 50 hm^2；地裂缝 1 353 条，破坏土地面积 1 308. 94 hm^2；地面塌陷 291 处，破坏土地面积 8 390. 50 hm^2；废石堆 49 处，破坏土地面积 53. 55 hm^2；工业广场 145 处，破坏土地面积 2 159. 67 hm^2；滑坡 5 处，破坏土地面积 4. 92 hm^2；露天采场 122 个，破坏土地面积 486. 98 hm^2；煤矸石堆 65 处，破坏土地面积 432. 85 hm^2（见表 4-22）。

按照破坏地类划分，其中草地 2 067. 56 hm^2，耕地 4 853. 33 hm^2，林地 4 416. 03 hm^2，园地 393. 11 hm^2，建筑 856. 09 hm^2，其他地类为 3 020. 36 hm^2。

3. 含水层影响和破坏

2006～2014 年，晋城市由于矿业开发活动造成地下含水层下降，下降面积 13 256. 20 hm^2，主要含水层为二叠系、石炭系煤地层，含水层包括二叠系、石炭系碎屑岩类裂隙含水层和奥陶系碳酸盐岩岩溶裂隙含水层。

4. 固体废弃物

2006～2014 年，晋城市由于矿业开发活动，固体废弃物积存量为 2 775. 80 万 t，其中废渣 18. 88 万 t，煤矸石 2 756. 20 万 t，其他 0. 72 万 t。

（三）2014 年后发生的地质环境问题

1. 矿山地质灾害及危害

2014 年后，调查发现崩塌 2 处，分布面积 0. 16 hm^2，直接经济损失 5 万元；发现地面塌陷、地裂缝共计 206 处，塌陷面积 46. 329 3 km^2。地面塌陷、地裂缝破坏农田 14 587. 90 亩，破坏房屋 1 656 间，共造成经济损失约 5 698. 74 万元。

表 4-22　2006~2014 年土地破坏矿山地质环境问题

土地破坏	耕地（hm^2）	林地（hm^2）	草地（hm^2）	园地（hm^2）	建筑（hm^2）	其他（hm^2）	合计（hm^2）	数量（处）
崩塌	0	0	0	0	0.03	1.46	1.50	17
地裂缝	284.76	898.52	103.87	0.73	2.93	18.14	1 308.94	1 353
地面坍塌	3 104.77	2 521.16	731.33	360.33	330.52	1 342.39	8 390.50	291
废石(土、渣)堆场	8.418 0	5.49	28.89	0	1.81	8.95	53.55	49
工业广场	299.32	69.95	272.43	5.40	471.37	1 041.21	2 159.67	145
滑坡	0	2.69	1.36	0	0.09	0.79	4.92	5
露天采场	0.04	48.15	298.18	0.65	26.62	113.35	486.98	122
煤矸石堆	142.21	5.66	0	8.35	13.67	74.52	432.85	65
其他	1 013.81	864.41	188.43	17.65	9.05	419.55	2 767.51	
尾矿库	0	0	443.05	0	0	0	3.48	0
小计	4 853.33	4 416.03	2 067.56	393.11	856.09	3 020.36	16 049.47	

2. 地形地貌景观破坏

根据本次调查,2014 年后,采矿活动破坏土地面积 4 695.26 hm^2。

按照破坏方式来分,其中崩塌 2 处,破坏土地面积 0.16 hm^2;地裂缝 619 条,破坏土地面积 961.83 hm^2;地面塌陷 103 处,破坏土地面积 3 671.42 hm^2;其他破坏土地面积 46.84 hm^2。

按照破坏地类划分,其中破坏草地 1 194.48 hm^2,耕地 1 853.11 hm^2,林地 716.49 hm^2,园地 210.57 hm^2,建筑 52.38 hm^2,其他地类为 668.23 hm^2(见表 4-23)。

表 4-23　2014 年后土地破坏矿山地质环境问题

土地破坏	耕地 (hm^2)	林地 (hm^2)	草地 (hm^2)	园地 (hm^2)	建筑 (hm^2)	其他 (hm^2)	合计 (hm^2)	数量 (处)
崩塌	0.13					0.03	0.16	2
地裂缝	330.93	260.84	242.09	58.00	20.99	48.94	961.83	619
地面坍塌	1 482.08	455.65	930.74	152.57	31.16	619.26	3 671.42	103
其他	25.61		21.00		0.23		46.84	
污染土地	14.36	0	0.65				15.01	
小计	1 853.11	716.49	1 194.48	210.57	52.38	668.23	4 695.26	

3. 含水层影响和破坏

2014 年后,晋城市由于矿业开发活动造成地下含水层下降,下降面积 6 943.71 hm^2,主要含水层为二叠系、石炭系煤地层,含水层包括二叠系、石炭系碎屑岩类裂隙含水层和奥陶系碳酸盐岩岩溶裂隙含水层。

4. 固体废弃物

2014 年后,晋城市由于矿业开发活动,固体废弃物积存量为 364.97 万 t,其中废渣 3.35 万 t,煤矸石 361.62 万 t。

第四节 矿山开采土地损毁的可恢复性

根据此次调查统计，全区内由于矿山开采占用破坏的土地资源约21 635.76 hm^2，其中地面塌陷破坏林地3 182.14 hm^2，耕地4 672.49 hm^2，园地516.22 hm^2。地裂缝破坏林地1 176.89 hm^2，草地352.52 hm^2，耕地619.21 hm^2。地面塌陷、地裂缝治理措施：轻度、中度裂缝可直接用土填充，直接将裂缝两侧的土填入裂缝即可。严重裂缝区域需先填入煤矸石，再将裂缝两侧表土填入，恢复土地的使用功能。根据调查数据统计，地面塌陷、地裂缝可恢复为耕地的面积约为5 262.34 hm^2，恢复为林地的面积约为4 359.03 hm^2。

矿山开采过程中，工业广场、废土堆、排土场地势相对平坦，对土地的破坏程度为较轻-较严重，恢复成耕地的可能性较大，面积约2 213.23 hm^2；露天采场、露天采坑、煤矸石堆根据当地植被特征，进行回填、整平、覆土后，种植侧柏、榆树等耐寒植物后，可恢复成林地，面积2 743.09 hm^2。

第五章　矿山地质环境治理措施与成效

根据对晋城市内矿山的实地调查统计，目前，晋城市共计投入矿山地质环境治理资金 77 464. 36 万元，资金来源为中央财政 400 万元，地方财政 208. 74 万元，其他 1 778. 77 万元，矿山自筹 75 076. 85 万元，治理面积 9 790. 16 hm^2，主要治理对象为不稳定边坡、地面塌陷、煤矸石堆(见表 5-1)。

表 5-1　晋城市矿山地质环境治理情况统计

项目		城区	高平市	陵川县	沁水县	阳城县	泽州县	合计
治理资金(万元)	中央财政	400	0	0	0	0	0	400
	地方财政	200	0	0	0	8. 74	0	208. 74
	矿山自筹	20 657. 64	7 792. 29	1 471. 48	16 784. 10	22 120. 95	6 250. 39	75 076. 85
	其他	420. 80	0	235. 50	0	7. 27	1 115. 20	1 778. 77
	小计	21 678. 44	7 792. 29	1 706. 98	16 784. 10	22 136. 96	7 365. 59	77 464. 36
治理面积(hm^2)	治理面积	2 508. 37	1 525. 84	745. 68	608. 71	1 474. 60	2 926. 96	9 790. 16
	小计	2 508. 37	1 525. 84	745. 68	608. 71	1 474. 60	2 926. 96	9 790. 16

通过开展矿山内的排水工程、覆土、绿化、挡土墙的建设，同时对受损的农田和房屋给予经济赔偿。通过上述措施的开展，矿山在土地复垦、生态地质环境保护建设、地质灾害防治、矿山废水废渣综合治理利用等方面都做出了努力，并取得了较好的成果。

第一节　地质灾害防治措施及成效

截至2016年底,晋城市共投入资金12 356. 40万元进行地质灾害治理,治理面积885. 64 hm^2,其中为矿山自筹治理资金有75 076. 85万元。

排矸场治理措施:修建挡土墙、格构护坡、覆土、植树绿化等;地裂缝、地面塌陷治理主要是轻度、中度裂缝可直接用土填充,直接将裂缝两侧的土填入裂缝即可。严重裂缝区域需先填入煤矸石,再将裂缝两侧表土填入,恢复土地的使用功能。

下面以古书院矿大张村恢复治理情况(见图5-1)为例,介绍如下。

(a)

图5-1　古书院矿大张村恢复治理情况

(b)

(c)

续图 5-1

(d)

续图 5-1

根据资料,截至 2016 年底,已恢复治理耕地 799.4 hm^2。

古书院煤矿在 2006 年 9 月和 2012 年 9 月,分别对大张庄和牛山、七岭店等村破坏的耕地进行了恢复治理,治理面积分别为 85 亩、229 亩,投入费用 36 万元、130 万元,该矿以前也进行了大量的矿山地质环境恢复治理工作。

第二节　生态修复措施及成效

截至 2016 年底,晋城市共投入资金 65 107.62 万元进行地形地貌景观修复治理,其中中央财政 400 万元,地方财政 208.74 万元,矿山自筹 12 356.4 万元,其他 1 778.77 万元,治理面积 3 939.53 hm^2。

本次调查统计，矿山废石场、矸石场、采矿场共计占用、破坏土地 3 654. 79 hm^2，其中煤矿山的煤矸石以泥、页岩为主，容易风化，矸石山表层在 2～3 年时间内即风化成土状，土厚 0. 3～1. 0 m，土质含钾和有机质等，利于植物生长，常见植物为冬茅草等。而建材矿山虽占地少，但破坏程度大，裸露灰岩抗风化能力强，如无土层覆盖，植被难以生长，露天采场长期裸露，影响地形地貌景观。

现以城区为例，对煤矿排矸场治理情况简要叙述如下。

建矿至今，王台铺共形成 9 处排矸场地，除西元庆排矸场地仍在服务期内外，其余 8 处排矸场地均已恢复治理，恢复治理方法为采用分段堆存并压实覆土恢复成耕地的措施进行治理。其中朝天宫排矸场地占地约 25 669 m^2，堆积矸石量 30 万 t，全部治理完毕，已覆土造田并封存。现场调查时部分场地被附近村民作为煤场使用(见图 5-2)；西王台养殖场排矸场地占地约 53 227 m^2，堆积矸石量 15 万 t，已覆土造田并封存(见图 5-3)；锚杆厂排矸场地占地约 25 258 m^2，堆积矸石量 30 万 t，恢复后部分为耕地，部分作为锚杆厂用地(见图 5-4)；徐家岭村东排矸场地占地约 30 289 m^2，堆积矸石量 75 万 t，已覆土造田并封存(见图 5-5)；西王台果园排矸场地占地约 38 753 m^2，堆积矸石量 30 万 t，已覆土造田并封存(见图 5-6)；排矸场井 1#排矸场地占地约 60 000 m^2，堆积矸石量 270 万 t，已覆土造田并封存(见图 5-7)；徐家岭排矸场地占地约 67 700 m^2，堆积矸石量 16 万 t，已覆土造田并封存(见图 5-8)；三沟排矸场地占地约 91 000 m^2，堆积矸石量 29. 4 万 t，已覆土造田并封存(见图 5-9)。

凤凰山矿矸石场位于矿区龙王山东南侧，累计堆放煤矸石量约 1 000 万 t，目前矿方对大部分矸石场进行了治理，截至 2017 年 9 月，已治理矸石山面积约 36 hm^2，投入资金约 6 100 万元(见图 5-10～图 5-13)。

图 5-2 朝天宫排矸场

图 5-3 西王台养殖场排矸场

图 5-4　锚杆厂排矸场

图 5-5　徐家岭村东排矸场

图 5-6　西王台果园排矸场

图 5-7　排矸场井 1#排矸场

图 5-8　徐家岭排矸场

图 5-9　三沟排矸场

图 5-10　西元庆排矸场

图 5-11　凤凰山矿老排矸场

图 5-12　凤凰山矿老排矸场(工业广场西)

(a)

图 5-13　凤凰山矿排矸场

(b)

(c)

续图 5-13

(d)

续图 5-13

第三节　矿山废水、废渣综合治理利用

一、生活污水

生活污水、废水主要污染物为 SS、BOD、COD、油脂、洗涤剂等,处理水质达到井下消防洒水的水质标准,用于绿化用水等。

二、矿井水

根据本次调查结果,区内 514 座矿山,矿坑排水总量为 7 181.81 万 t,全部为能源矿山。从行政区域看,排水量为城区 479.5 万 t,高平市 2 355.54 万 t,陵川县 151.68 万 t,沁水县 794.02 万 t,阳城县 1 565.65 万 t,泽州县 1 835.22 万 t。矿井水一般采用“混凝+旋流+沉淀+过滤+消毒”工艺进行处理,处理后主要复用于地面储煤场防尘洒水、道路洒水、消防用水及绿化用水等。

三、矸石场水污染及治理措施

晋城市共发现煤矸石堆 82 个,破坏占有土地面积 529.87 hm^2。矸石露天堆放,经降雨淋溶后,可溶解性元素随雨水迁移进入土壤和水体,会对土壤、地表水及地下水产生一定的影响。目前排矸场主要采取以下措施进行预防和治理:

(1)排矸前将沟底黏土碾压、夯实,加强防渗性能。

(2)排矸场周边设导流渠截流雨水,防止雨水径流进入储存场内。

(3)封场后在矸石场平台、边坡修建排水渠,用于排走雨季降水。

(4)封场后继续维护和管理,直到稳定,以防止覆土层下沉、开裂,致使渗滤液流量增加。

四、矿山煤矸石生态治理措施

建设新型墙体材料煤矸石砖厂,消化利用煤矸石变废为宝;利用煤矸石与其他材料混合作为路基填层;利用煤矸石进行填沟造地,植树造林,治理荒沟及集中监管堆放等。

总而言之,矿山废水废渣的治理是一项长远工程,开展三无矿山建设公共效益强,随着科技的进步和有关部门的重视,该工作得到了有效的开展。

第六章　矿山地质环境影响评价

第一节　评价原则

一、总体原则

充分利用县(市、区)矿山地质环境调查数据资料,结合矿山地质环境保护与治理方案数据资料,通过深入的研究对比分析,评价采矿活动对矿山地质环境的影响程度。

(1)以采矿对矿山地质环境造成的影响评价为主,兼顾矿区(山)地质环境背景,突出矿山环境地质问题现状。

(2)遵循以人为本的原则,主要针对人居、耕地集中分布区域进行矿山地质环境影响综合评价。

(3)评价结果要充分体现区域矿山地质环境问题的状况,兼顾重点矿山、典型矿山地质环境问题的影响程度。

二、具体原则

(1)在分析各县(市、区)矿山地质环境背景条件的基础上,充分利用矿山地质环境调查数据资料,结合矿山地质环境保护与治理方案数据资料上进行评价。

(2)以矿区(山)为基本单元,综合分析已发生的矿山地质灾害类型、规模,占用及破坏土地资源的面积和土地类别,废水废渣对环境的影响,地下水系统遭受破坏的程度,对矿山地质环境问题造成的危害程度及经济损失进行评价。

（3）在分析全市矿产资源分布的区位特征、不同矿产类型开发引发的比较突出的矿山地质环境问题，考虑各县（市、区）、各矿山、各地段的矿产资源开发利用强度因素、矿山生态环境恢复治理的难易程度的基础上进行综合分区评价。

第二节　评价方法和结论

一、评价方法

本次评价的范围为晋城市矿山地质环境问题分布区域及影响区域范围。

本次矿山地质环境影响评价采用综合指数模型中的加权平均法进行，主要包括四部分内容：评价指标体系构建、定权方法的选择、权重的确定和综合指数模型的构建。

（一）评价指标体系构建

1. 矿山地质环境复杂程度指标体系

考虑到各地质环境因子对矿山地质环境问题的诱导程度及对治理恢复措施开展的影响，对矿山地质环境条件复杂程度进行分级（见表6-1），以此为据选择矿坑正常涌水量、采空区面积与矿山面积比两个指标构建评价指标体系（见表6-2）。

2. 矿山地质环境危害程度指标体系

根据矿山地质环境现状，选择参与评价的因子包括崩塌、滑坡、泥石流、地面塌陷、地裂缝，矿坑涌水量及占用破坏土地资源共7个指标（见表6-3、表6-4）。

表 6-1 矿山地质环境复杂程度分级

复杂	中等	简单
矿坑正常涌水量大于 10 000 m^3/d，地下采矿和疏干排水容易造成区域含水层破坏	矿坑正常涌水量 3 000～10 000 m^3/d，地下采矿和疏干排水较容易造成矿区周围主要充水含水层破坏	矿坑正常涌水量小于 3 000 m^3/d，地下采矿和疏干排水导致矿区周围主要充水含水层破坏可能性小
采空区面积与矿山面积比大于 40%	采空区面积与矿山面积比为 10%～40%	采空区面积与矿山面积比小于 10%

注：采取就上原则，只要有一条满足某一级别，应定为该级别。

表 6-2 矿山地质环境复杂程度评价指标体系

目标层	要素层	指标层
矿山地质环境复杂程度	水文地质条件	矿坑正常涌水量
	地质环境条件	采空区面积与矿山面积比

表 6-3 矿山地质环境危害程度分级

危害程度	地质灾害	含水层	土地资源
严重	地质灾害规模大，发生的可能性大； 造成或可能造成直接经济损失大于500万元；受威胁人数大于100人	矿井正常涌水量大于 10 000 m^3/d	占用破坏耕地面积大于 2 hm^2； 占用破坏林地或草地面积大于 4 hm^2； 占用破坏荒地或未开发利用土地面积大于 20 hm^2

续表 6-3

危害程度	地质灾害	含水层	土地资源
较严重	地质灾害规模中等，发生的可能性较大； 造成或可能造成直接经济损失 100 万～500 万元；受威胁人数 10～100 人	矿井正常涌水量 3 000～10 000 m^3/d	占用破坏耕地面积小于或等于 2 hm^2； 占用破坏林地面积或草地面积 2～4 hm^2； 占用破坏荒山面积或未开发利用土地面积 10～20 hm^2
较轻	地质灾害规模小，发生的可能性小； 造成或可能造成直接经济损失小于 100 万元；受威胁人数小于 10 人	矿井正常涌水量小于 3 000 m^3/d	占用破坏林地或草地面积小于或等于 2 hm^2； 占用破坏荒山或未开发利用土地面积小于或等于 10 hm^2

表 6-4　矿山地质环境危害程度评价指标体系

目标层	要素层	指标层
矿山地质环境危害程度	地质灾害	崩塌、滑坡、泥石流、地面塌陷、地裂缝
	水文地质	矿坑涌水量
	土地资源	占用破坏土地资源

（二）定权方法的选择

在矿山地质环境复杂程度和地质灾害危害程度评价中，往往要选择多个环境要素和环境因子一起参与评价，在这些评价因素综合时，对各个变量具有权衡轻重作用的数值即称为权重。权重要反映不同评价因子间重要性程度的差异。

对矿山地质环境进行评价时，所选定的评价因子既有定量因素，也有非定量因素，并且评价因子数目往往较大，这就给确定权重带来了很大困难。为了适应不同的定权场合，有必要在进行权重内涵分析的基础上建立较完整的定权方法体系，以找到最合理的权重进行评价。

本次矿山地质环境影响评价指标权重采用专家打分法来确定。专家打分法即是由少数专家直接根据经验并考虑反映某评价观点后定出权重，实际上是经验估计法与意义推求法的综合。前者是指不说明任何定权的理由和根据而直接给出权值的一类方法，其特点是无任何说明而直接定权；后者是讲明定权时考虑问题的具体根据、依据的意义等，再直接给出权值的方法，其特征是有抽象说明而无具体定权过程。专家打分法基本步骤如下：

(1)选择定权组的成员，并对他们详细说明权重的概念、顺序和定权的方法。

(2)列表。列出对应于每个评价因子的权值范围，可用评分法表示。例如，若有五个值，那么就有五列。行列对应于权重值，按重要性排列。

(3)发给每个参与评价者一份上述表格，反复核对、填写，直至没有成员进行变动。

(4)要求每个成员对每列的每种权值填上记号，得到每种因子的权值分数。

(5)要求所有的成员对做了记号的列逐项比较，看看所评的分数是否能代表他们的意见，如果发现有不妥之处，应重新画记号评分，直至满意。

(6)要求每个成员把每个评价因子(或变量)的重要性的评分值相加，得出总数。

(7)每个成员用第(6)步求得的总数去除分数，即得到每个评价因子的权重。

(8)把每个成员的表格集中起来,求得各种评价因子的平均权重,即为组平均权重。

(9)列出每种的平均数,并要求评价者把每组的平均数与自己在第(7)步得到的权值进行比较。

(三)权重的确定

根据要素层与因子层间的相对重要性,进行两两比较,按较轻、较严重和严重 3 级赋值,转换成指标与因子两两比较矩阵,应用 Matlab 计算各要素或因子的特征向量,经归一化得各层次的权重,再按层次分析法确定各评价因子的综合权重。

确定判断矩阵之后,需进行一致性和随机性检验。

$$C.R=(C.I)/(R.I) \tag{6-1}$$

$$C.I=(\lambda_{max}-n)/(n-1) \tag{6-2}$$

式中,$C.I$ 为一致性指标;n 为矩阵阶数;λ_{max} 为最大特征根;$R.I$ 为平均随机一致性指标;$C.R$ 为随机一致性比率。当 $C.R<0.10$ 时,判断矩阵才具有满意的一致性,认为计算所得的权值是合理的。否则,调整判断矩阵,直到取得满意的一致性。

在对指标体系进行层次分析的基础上,经过专家咨询、协商,得出如下等次分析定权打分表,见表 6-5、表 6-6。

表 6-5 矿山地质环境复杂程度评价体系专家打分

矿山地质环境复杂程度	矿坑涌水量	采空区与矿山面积比
矿坑涌水量	1	1/2
采空区与矿山面积比	2/1	1

计算结果:$\lambda=1.5$,$C.R<0.10$,判断矩阵具有满意的一致性,认为所获取的权值是合理的。

计算结果:$\lambda=7.6507$,$CI=0.10845$,$C.R<0.10$,判断矩阵具有满意的一致性,认为所获取的权值是合理的。

表 6-6　矿山地质环境复杂程度评价指标体系权重

目标层	要素层	指标层	权重
矿山地质环境复杂程度	水文地质条件	矿坑涌水量	0.5
	地质环境条件	采空区与矿山面积比	0.5

(四)综合指数评价模型的构建

在进行地质环境指数的综合时,可以只考虑实际值,也可以考虑平均值或最大值或最小值模型,也可以全部加以考虑。因此,考虑的角度不同就有不同的综合指数。本次利用加权平均法,在计算公式中引入了各评价要素的权重,在一定程度上考虑了各个评价因子影响强度的相对大小,能较好地反映该评价单元的地质安全综合情况。计算公式如下:

$$P_{\mathrm{I}} = \sum_{i=1}^{n} (W_i \times P_i) \tag{6-3}$$

式中　P_{I}——综合指数评价结果;

W_i——第 i 个因子的权重值;

P_i——第 i 个因子的得分。

晋城市矿山地质环境评价相关参数如表 6-7~表 6-11 所示。

表 6-7　矿山地质环境危害程度指标体系专家打分

矿山地质环境危害程度	崩塌	滑坡	泥石流	地面塌陷	地裂缝	矿坑涌水量	占用破坏土地资源
崩塌	1	5/2	2/1	7/5	5/3	5/2	3/2
滑坡	2/5	1	3/2	2/1	3/1	2/1	2/1
泥石流	1/2	2/3	1	5/7	3/5	3/2	5/3
地面塌陷	5/7	1/2	7/5	1	2/5	2/1	2/3
地裂缝	3/5	1/3	5/3	5/2	1	3/2	2/1
矿坑涌水量	2/5	1/2	2/3	1/2	2/3	1	3/2
占用破坏土地	2/3	1/2	5/3	3/2	1/2	2/3	1

表 6-8 矿山地质环境危害程度指标权重

矿山地质环境危害程度	崩塌	滑坡	泥石流	地面塌陷	地裂缝	矿坑涌水量	占用破坏土地资源
权重	0. 23	0. 20	0. 11	0. 11	0. 15	0. 09	0. 11

表 6-9 1~14 阶判断矩阵 *R. I* 值

阶数 *n*	1	2	3	4	5	6	7
R. I	0	0	0. 52	0. 89	1. 12	1. 26	1. 36
阶数 *n*	8	9	10	11	12	13	14
R. I	1. 41	1. 46	1. 49	1. 52	1. 54	1. 56	1. 58

表 6-10 矿山地质环境复杂程度评价体系打分标准

指标	打分标准		
矿坑涌水量	>10 000 m^3/d	3 000~10 000 m^3/d	<3 000 m^3/d
打分	9	5	3
采空区与矿山面积比	>40%	10%~40%	<10%
打分	8	4	2

二、评价结论

根据相关技术要求,对晋城市矿山地质环境进行影响评价和分级。结合各矿山分布位置及矿山采矿活动影响范围、矿山环境问题的分布及破坏程度,将晋城市境内采矿活动对矿山地质环境影响程度分为严重影响区(A 区)、较严重影响区(B 区)和轻微影响区(C 区)。矿山地质环境影响评价分区见表 6-12、图 6-1。

表 6-11　矿山地质环境危害程度评价体系打分标准

指标	打分标准		
崩塌	地质灾害规模大;造成或可能造成直接经济损失大于 500 万元;受威胁人数大于 100 人	地质灾害规模中等;造成或可能造成直接经济损失 100 万~500 万元;受威胁人数 10~100 人	地质灾害规模小;造成或可能造成直接经济损失小于 100 万元;受威胁人数小于 10 人
打分	9	5	2
滑坡	地质灾害规模大;造成或可能造成直接经济损失大于 500 万元;受威胁人数大于 100 人	地质灾害规模中等;造成或可能造成直接经济损失 100 万~500 万元;受威胁人数 10~100 人	地质灾害规模小;造成或可能造成直接经济损失小于 100 万元;受威胁人数小于 10 人
打分	8	4	3
泥石流	地质灾害规模大;造成或可能造成直接经济损失大于 500 万元;受威胁人数大于 100 人	地质灾害规模中等;造成或可能造成直接经济损失 100 万~500 万元;受威胁人数 10~100 人	地质灾害规模小;造成或可能造成直接经济损失小于 100 万元;受威胁人数小于 10 人
打分	9	6	2

续表 6-11

指标	打分标准		
地面塌陷	地质灾害规模大；造成或可能造成直接经济损失大于 500 万元；受威胁人数大于 100 人	地质灾害规模中等；造成或可能造成直接经济损失 100 万~500 万元；受威胁人数 10~100 人	地质灾害规模小；造成或可能造成直接经济损失小于 100 万元；受威胁人数小于 10 人
打分	7	3	1
地裂缝	地质灾害规模大；造成或可能造成直接经济损失大于 500 万元；受威胁人数大于 100 人	地质灾害规模中等；造成或可能造成直接经济损失 100 万~500 万元；受威胁人数 10~100 人	地质灾害规模小；造成或可能造成直接经济损失小于 100 万元；受威胁人数小于 10 人
打分	8	4	2
矿坑涌水量	$>10\ 000\ m^3/d$	$3\ 000 \sim 10\ 000\ m^3/d$	$<3\ 000\ m^3/d$
打分	6	3	2
占用破坏土地资源	占用破坏耕地大于 2 hm^2；林地或草地大于 4 hm^2；荒地或未开发利用土地大于 20 hm^2	占用破坏耕地小于或等于 2 hm^2；林地或草地 2~4 hm^2；荒山或未开发利用土地 10~20 hm^2	占用破坏林地或草地小于或等于 2 hm^2；占用破坏荒山或未开发利用土地小于或等于 10 hm^2
打分	5	3	1

表 6-12　晋城市矿山地质环境影响评价分区

矿山地质环境影响评价分区		编号	面积（km^2）		占晋城市总面积比例（%）
严重影响区（A 区）	沁水县—中村镇—土沃乡严重影响亚区	A1	1 424. 70	196. 17	2. 1
	沁水县—龙港镇以南、阳城县—羊泉镇以北严重影响亚区	A2		79. 99	0. 84
	沁水县—端氏镇—嘉峰镇—郑村镇—胡底乡、阳城县—町店镇—西河乡、高平市—原村乡、泽州县—下村镇—川底乡严重影响亚区	A3		750. 42	7. 9
	阳城县—河北镇—驾岭乡以北严重影响亚区	A4		53. 06	0. 55
	高平市—永录乡—河西镇—米山镇严重影响亚区	A5		238. 64	2. 5
	城区—北石店镇、金村镇严重影响亚区	A6		106. 42	1. 02
较严重影响区（B 区）	高平市—寺庄镇以西较严重影响亚区	B1	310. 55	31. 59	0. 3
	泽州县—巴公镇—北义城镇较严重影响亚区	B2		75. 77	0. 8
	泽州县—南村镇—犁川镇较严重影响亚区	B3		82. 20	0. 86
	高平市—建宁乡、陵川县礼义镇—杨村镇较严重影响亚区	B4		80. 35	0. 85
	陵川县—平城镇—秦家庄乡较严重影响亚区	B5		31. 00	0. 3
	陵川县—附城镇—西河底镇较严重影响亚区	B6		9. 64	0. 1
轻微影响区（C 区）	阳城县—寺头乡、沁水县—郑庄镇、苏庄乡、十里乡—樊树河乡—芹池镇、柿庄—固县乡、高平市—原村乡以北轻微影响区	C	1 646. 77	1 646. 77	17. 3

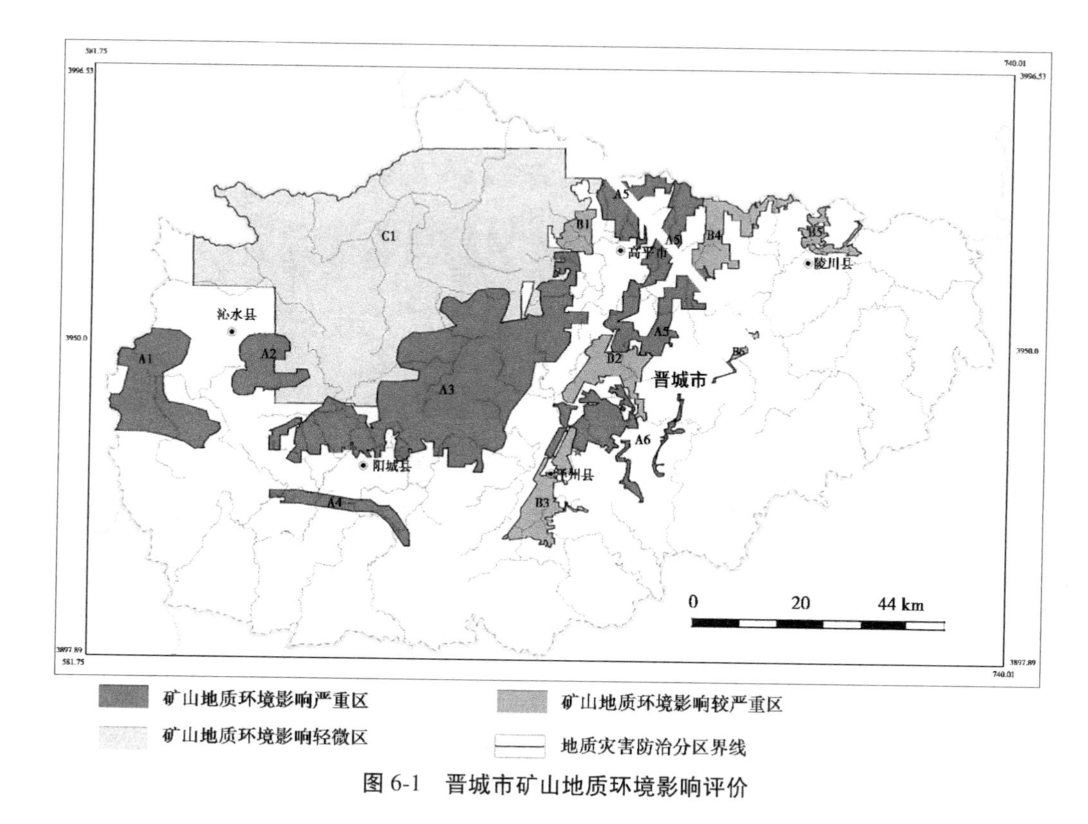

图 6-1　晋城市矿山地质环境影响评价

第三节　矿山地质环境分区评述

一、矿山地质环境影响严重区

矿山地质环境影响严重区（A 区），总面积 1 424.70 km^2。细分为 6 个影响严重亚区。

（1）沁水县—中村镇—土沃乡严重影响亚区（A1 区）。

主要分布于沁水县—中村镇—土沃乡一带，为煤矿开采区（井工开采），少部分为非煤矿山（露天开采），面积 196.17 km^2。共涵盖煤矿 9 座、石灰岩矿山 4 座、砂岩矿 1 座、铁矿 4 座。查明地下煤层采空区累计面积约 15.4 km^2；塌陷坑 1 处。矿山地质环境复杂程度中等—复杂；地质灾害直接经济损失 30.5 万元，潜在经济损失 62.5 万元；矿区及周围主要含水层（带）水位下降幅度较大，地下水呈半疏干状态；影响矿区及周围部分生产生活供水；部分石灰岩位于晋城—阳冀高速可视范围之内，矿区开采对原生地形地貌景观影响和破坏程度大。矿山地质环境问题危害程度分级属严重，矿山地质环境影响评价属影响严重区。

（2）沁水县—龙港镇以南、阳城县—羊泉镇以北严重影响亚区（A2 区）。

分布于沁水县—龙港镇以南、阳城县—羊泉镇以北的范围，为煤矿开采区（井工开采），面积 79.99 km^2。共涵盖煤矿 9 座。查明地下煤层采空区累计面积约 6.3 km^2。矿山地质环境复杂程度中等—复杂；矿区及周围主要含水层（带）水位下降幅度较大，地下水呈半疏干状态；影响矿区及周围部分生产生活供水；矿山位于晋城—阳冀高速可视范围之内，矿区开采对原生地形地貌景观影响和破坏程度大。矿山地质环境问题危害程度分级属严重，矿山地质环境影响评价属影响严重区。

(3)沁水县—端氏镇—嘉峰镇—郑村镇—胡底乡、阳城县—町店镇—西河乡、高平市—原村乡、泽州县—下村镇—川底乡严重影响亚区(A3区)。

分布于沁水县—端氏镇—嘉峰镇—郑村镇—胡底乡、阳城县—町店镇—西河乡、高平市—原村乡、泽州县—下村镇—川底乡的范围,主要为煤矿开采区(井工开采),少部分为非煤矿山(露天开采),面积750.42 km^2。共涵盖煤矿59座、砖瓦用砂岩矿1座、陶瓷黏土矿2座、铁矿10座。查明地下煤层采空区累计面积约150.23 km^2;塌陷坑126处。矿山地质环境复杂程度中等—复杂;地质灾害直接经济损失5 648.70万元,潜在经济损失2 056万元;矿区及周围主要含水层(带)水位下降幅度较大,地下水呈半疏干状态;影响矿区及周围部分生产生活供水;矿区开采对原生地形地貌景观影响和破坏程度大。矿山地质环境问题危害程度分级属严重,矿山地质环境影响评价属影响严重区。

(4)阳城县—河北镇—驾岭乡严重影响亚区(A4区)。

分布于阳城县—河北镇—驾岭乡以北的范围,面积53.06 km^2。共涵盖煤矿2座、铝土矿1座、陶瓷黏土矿1座、灰岩矿2座。查明地下煤层采空区累计面积约0.1 km^2;塌陷坑35处。矿山地质环境复杂程度中等—复杂;矿区及周围主要含水层(带)水位下降幅度较大,露天采矿活动对原生地形地貌景观影响和破坏程度大。矿山地质环境问题危害程度分级属严重,矿山地质环境影响评价属影响严重区。

(5)高平市—永录乡—河西镇—米山镇严重影响亚区(A5区)。

分布在高平市—永录乡—河西镇—米山镇的范围,主要为煤矿开采区(井工开采),少部分为非煤矿山(露天开采),面积238.64 km^2。共涵盖煤矿18座、灰岩矿3座、硫铁矿5座。查明地下煤层采空区累计面积约60.1 km^2;塌陷坑84处。矿山地质环境复杂程度中等—复杂;地质灾害直接经济损失 2 485.6 万元,潜在经济损失 2 045.0 万元;矿区及周围主要含水层(带)水位下降幅度较大,地下水呈半疏干状态;影响矿区及周围部分生产生活供水;矿区开采对原生地形地貌景观影响和破坏程度大。矿山地质环境问题危害程度分级属严重,矿山地质环境影响评价属影响严重区。

(6)城区—北石店镇、金村镇严重影响亚区(A6 区)。

分布于城区—北石店镇、金村镇的范围,主要为煤矿开采区(井工开采),少部分为非煤矿山(露天开采),面积 106.42 km^2。共涵盖煤矿 38 座、灰岩矿 78 座、硫铁矿 8 座。查明地下煤层采空区累计面积约 24.49 km^2;塌陷坑 55 处。矿山地质环境复杂程度中等—复杂;地质灾害直接经济损失 2 287.95 万元;矿区及周围主要含水层(带)水位下降幅度较大,地下水呈半疏干状态;影响矿区及周围部分生产生活供水;矿区开采对原生地形地貌景观影响和破坏程度大。矿山地质环境问题危害程度分级属严重,矿山地质环境影响评价属影响严重区。

二、矿山地质环境影响较严重区

矿山地质环境影响较严重区,总面积 310.55 km^2,细分为 6 个影响较严重亚区。

(1)高平市—寺庄镇以西较严重影响亚区(B1 区)。

分布于高平市—寺庄镇以西的范围。涵盖 4 座煤矿,面积 31.59 km^2。矿山地质环境复杂程度中等;地质灾害直接、潜在经济损失小于 50 万元;矿山开采不会对地下含水层结构、水量、水质造成破坏,不影响矿区及周围村庄居民生产生活用水;位于三区两线可视范围以外,对原生地形地貌景观影响和破坏程度较严重。矿山地质环境问题危害程度分级属较严重,矿山地质环境影响评价属影响较严重区。

（2）泽州县—巴公镇—北义城镇较严重影响亚区（B2区）。

分布于泽州县—巴公镇—北义城镇的范围。涵盖14座煤矿、7座硫铁矿、14座灰岩矿，面积75.77 km^2。矿山地质环境复杂程度中等；地质灾害直接、潜在经济损失小于100万元；矿山开采不会对地下含水层结构、水量、水质造成破坏，不影响矿区及周围村庄居民生产生活用水；位于晋城市西环高速和G55高速公路可视范围以外，对原生地形地貌景观影响和破坏程度较严重。矿山地质环境问题危害程度分级属较严重，矿山地质环境影响评价属影响较严重区。

（3）泽州县—南村镇—犁川镇较严重影响亚区（B3区）。

分布于泽州县—南村镇—犁川镇的范围。涵盖19座煤矿，26座硫铁矿，32座灰岩矿，面积82.20 km^2。矿山地质环境复杂程度中等；地质灾害直接、潜在经济损失小于100万元；矿山开采不会对地下含水层结构、水量、水质造成破坏，不影响矿区及周围村庄居民的生产生活用水；位于晋城市西环高速和晋阳高速公路可视范围内，对原生地形地貌景观影响和破坏程度较严重。矿山地质环境问题危害程度分级属较严重，矿山地质环境影响评价属影响较严重区。

（4）高平市—建宁乡、陵川县礼义镇—杨村镇较严重影响亚区（B4区）。

分布于高平市—建宁乡、陵川县礼义镇—杨村镇的范围。涵盖10座煤矿，面积80.35 km^2。矿山地质环境复杂程度中等；地质灾害直接、潜在经济损失小于100万元；矿山开采不会对地下含水层结构、水量、水质造成破坏，不影响矿区及周围村庄居民的生产生活用水；位于重要的交通干线可视范围以外，对原生地形地貌景观影响和破坏程度较严重。矿山地质环境问题危害程度分级属较严重，矿山地质环境影响评价属影响较严重区。

(5)陵川县—平城镇—秦家庄乡较严重影响亚区(B5区)。

分布于陵川县—平城镇—秦家庄乡的范围。涵盖11座煤矿,1座硫铁矿,5座灰岩矿,1座砖瓦用页岩矿,面积31.00 km^2。矿山地质环境复杂程度中等;地质灾害直接、潜在经济损失小于40万元;矿山开采不会对地下含水层结构、水量、水质造成破坏,不影响矿区及周围村庄居民生产生活用水,对原生地形地貌景观影响和破坏程度较严重。矿山地质环境问题危害程度分级属较严重,矿山地质环境影响评价属影响较严重区。

(6)陵川县—附城镇—西河底镇较严重影响亚区(B6区)。

分布于陵川县—附城镇—西河底镇的范围。涵盖3座煤矿,2座硫铁矿,4座铁矿,面积9.64 km^2。矿山地质环境复杂程度中等;地质灾害直接、潜在经济损失小于50万元;矿山开采不会对地下含水层结构、水量、水质造成破坏,不影响矿区及周围村庄居民生产生活用水,对原生地形地貌景观影响和破坏程度较严重。矿山地质环境问题危害程度分级属较严重,矿山地质环境影响评价属影响较严重区。

三、矿山地质环境影响轻微区

分布于阳城县—寺头乡、沁水县—郑庄镇、苏庄乡、十里乡—樊树河乡—芹池镇、柿庄—固县乡、高平市—原村乡以北的范围,总面积1 646.77 km^2,主要矿产资源为煤层气,矿山地质环境复杂程度一般;地质灾害直接、潜在经济损失小;矿山开采不会对地下含水层结构、水量、水质造成破坏,不影响矿区及周围村庄居民生产生活用水;远离三区两线,对原生地形地貌景观影响和破坏程度较轻;压占、破坏林地及草地面积小于2 hm^2。矿山地质环境问题危害程度分级属较轻,矿山地质环境影响评价属影响轻微区。

第四节　矿山地质环境问题发展趋势分析

目前晋城市面临的矿山地质环境问题主要有四类：矿山地质灾害、占用破坏土地资源、废渣废水污染环境、影响地下水系统。而矿山地质灾害尤其以地面变形造成的危害最大，影响面最广。未来矿山地质环境问题的变化趋势主要与矿业活动的剧烈程度、矿山企业的重视程度及矿山管理部门的管理力度密切相关。下面在结合本次野外调查的基础上，基于矿山地质环境现状，对区内的矿山地质环境问题的变化趋势进行了分项预测。

一、矿山地质灾害

本次调查共发现塌陷坑数量416处，裂缝数量1 998条，塌陷面积15 261.81 hm^2，地裂缝面积2 366.73 hm^2，破坏农田79 375.5亩，破坏房屋4 834间，直接经济损失24 639.82万元。随着开采范围的扩大，地面塌陷、地裂缝的数量会进一步增加。尤其是沁水县的西部、阳城县西北部阳冀高速公路两侧的可视范围内，阳城的屯城泽州的川底条形区域，高平的北部太长高速两侧等生产、在建的煤矿较多，地质灾害有进一步恶化的趋势。

二、占用破坏土地资源

区内占用破坏土地的形式有三类，即废渣场占用土地资源，露采场、地面塌陷、地裂缝地质灾害及矿山地面建设工程占用破坏土地资源。

地面变形破坏土地资源有随矿山开采范围的扩大而逐步加剧的趋势。目前矿山地面建设配套工程基本稳定，故矿山地面建筑工程占用破坏土地的趋势基本不会扩大；区内共调查矿山514座，生产矿山111座，在建矿山85座，因此矿山占用破坏土地资源的面积会逐渐加大,且破坏严重。同时根据计算,晋城市由于采矿活动,每年产生废渣 847. 32 万 t,根据废渣综合利用率推算,晋城市废渣增加量需要每年新增加占用土地 180 hm^2。特别是地面塌陷、地裂缝严重的区域如沁水县的西部、阳城县西北部阳冀高速公路两侧的可视范围内,阳城的屯城泽州的川底条形区域,高平的北部太长高速两侧区域等。

综合上述,矿山占用破坏土地的趋势会逐渐加大。

三、影响地下水系统

就目前的状况看,区内对地下水系统破坏的区域主要分布在生产的煤矿矿山。这些矿山开采时间较长,由于长期的疏干排水,对地下含水层如二叠系、石炭系等含水层破坏程度较大,晋城市由于矿业开发活动,导致地下水位下降区达 63 124. 51 hm^2。同时对附近居民赖以生存的松散岩类孔隙水也造成了较大的破坏,每到枯水季节,居民不得不靠拉水维持生活。随着煤矿的进一步开采,这种情况会更加严重。

四、废渣废水对水土环境的污染

本次调查发现,区内各矿山年产废渣量为 847. 32 万 t,综合利用量为 406. 73 万 t,累计积存废渣量为 4 578. 18 万 t;矿山年产出废水废液 8 508. 74 万 t,年排放废水废液 2 389. 16 万 t,年综合利用量为 6 119. 58 万 t,综合利用率 71. 9%。矿方和砖厂等其他企业大部分签有用矸协议,矸石均用来制砖、筑路及其他用。随着矿山企业、环保部门的重视,沉淀池、废渣挡土墙、矸石综合利用等治理措施的开展,将逐步减轻对水土环境的污染。

第七章　矿山地质环境保护与治理分区

第一节　分区原则

一、坚持“在保护中开发,在开发中保护”的总原则

从山西省和晋城市经济建设出发,促进资源开发与生态环境保护的协调发展,正确处理好当前与长远、整体与局部、开发与保护的关系,实现矿业经济持续、快速、健康发展。

二、坚持矿山生态环境和地质灾害控制以“预防为主、防治结合”的原则

加强矿产资源开发全过程的生态环境综合防治,矿山建设与矿山环境保护设施要同时设计、同时施工、同时投产使用。

第二节　分区方法

根据《晋城市矿产资源规划》和本次调查成果,参照《市、县矿山地质环境调查技术要求(试用稿)》,按照如表 7-1 所示的划分标准进行分区。

表 7-1　矿山地质环境保护与治理分区依据

分区名称	分区依据
矿山地质环境保护区	工作区范围内国家和地方政府规定的矿产资源禁采区。如:国家地质公园、国家森林公园、旅游风景名胜区、城市饮用水源地、重大工程规划区、农田保护区、重要交通干道直观可视范围内的区域,以及国家和地方政府规定不得开采矿产资源的其他地区
矿山地质环境预防区	工作区范围内国家和地方政府规定的矿产资源限采区和开采区(鼓励开采区)。该区域的采矿活动对生态环境有较大影响,但通过采取措施可以预防控制破坏程度
矿山地质环境治理区	矿产资源开发已经对矿山地质环境造成影响或破坏,须采取相应措施实施恢复治理的区域。包括矿山地质环境影响评估中的严重影响区、较严重影响区,以及需治理的部分轻微影响区

第三节　分区评述

一、矿山地质环境保护与治理分区结果

根据以上原则,结合本次矿山地质环境调查成果,将矿山地质环境治理分区划分为三个区,即矿山地质环境保护区、矿山地质环境预防区与矿山地质环境治理区,其中矿山地质环境保护区分为两个亚区(Ⅰ-1 区、Ⅰ-2 区),矿山地质环境预防区只分为一个区(Ⅱ-1 区),矿山地质环境治理区分为矿山地质环境重点治理区(分为 3 个亚区)和矿山地质环境一般治理区(分为 9 个亚区),见表 7-2、图 7-1。

二、矿山地质环境保护与治理分区评述

(一)矿山地质环境保护区

矿山地质环境保护区总面积 347.04 km^2,分为两个亚区(Ⅰ-1 区、

表 7-2　矿山地质环境保护与治理分区

<table>
<tr><th colspan="2">矿山地质环境保护与治理分区</th><th>编号</th><th>面积(km²)</th><th colspan="2">占晋城市总面积比例(%)</th></tr>
<tr><td rowspan="2">矿山地质环境保护区</td><td rowspan="2">沁水县西部沿 S80 阳冀高速公路、S334 省道重要交通干线两侧矿山地质环境保护区</td><td>Ⅰ-1</td><td rowspan="2">347.04</td><td>278.64</td><td>2.9</td></tr>
<tr><td>Ⅰ-2</td><td>68.40</td><td>0.7</td></tr>
<tr><td>矿山地质环境预防区</td><td>沁水县—中村镇—土沃乡矿山地质环境预防区</td><td>Ⅱ-1</td><td>1 438.12</td><td>1 438.12</td><td>15.2</td></tr>
<tr><td rowspan="3">矿山地质环境重点治理区(Ⅲ)</td><td>沁水县—龙港镇以南、阳城县—羊泉以北重点治理区</td><td>Ⅲ-1</td><td rowspan="3">936.83</td><td>79.99</td><td>0.8</td></tr>
<tr><td>沁水县—端氏镇—嘉峰镇—郑村镇—胡底乡、阳城县—町店镇—西河乡、高平市—原村乡、泽州县—下村镇—川底乡重点治理区</td><td>Ⅲ-2</td><td>750.42</td><td>7.9</td></tr>
<tr><td>城区—北石店镇、金村镇重点治理区</td><td>Ⅲ-3</td><td>106.42</td><td>0.6</td></tr>
<tr><td rowspan="9">矿山地质环境一般治理区(Ⅳ)</td><td>高平市—寺庄镇以西一般治理区</td><td>Ⅳ-1</td><td rowspan="9">798.42</td><td>31.59</td><td>0.6</td></tr>
<tr><td>泽州县—巴公镇—北义城镇一般治理区</td><td>Ⅳ-2</td><td>75.77</td><td>0.8</td></tr>
<tr><td>泽州县—南村镇—犁川镇一般治理区</td><td>Ⅳ-3</td><td>82.20</td><td>0.9</td></tr>
<tr><td>高平市—建宁乡、陵川县礼义镇—杨村镇一般治理区</td><td>Ⅳ-4</td><td>80.35</td><td>0.8</td></tr>
<tr><td>陵川县—平城镇—秦家庄乡一般治理区</td><td>Ⅳ-5</td><td>31.00</td><td>0.3</td></tr>
<tr><td>陵川县—附城镇—西河底镇一般治理区</td><td>Ⅳ-6</td><td>9.64</td><td>0.1</td></tr>
<tr><td>沁水县—中村镇—土沃乡一般治理区</td><td>Ⅳ-7</td><td>196.17</td><td>2.1</td></tr>
<tr><td>阳城县—河北镇—驾岭乡以北一般治理区</td><td>Ⅳ-8</td><td>53.06</td><td>0.6</td></tr>
<tr><td>高平市—永录乡—河西镇—米山镇一般治理区</td><td>Ⅳ-9</td><td>238.64</td><td>2.5</td></tr>
</table>

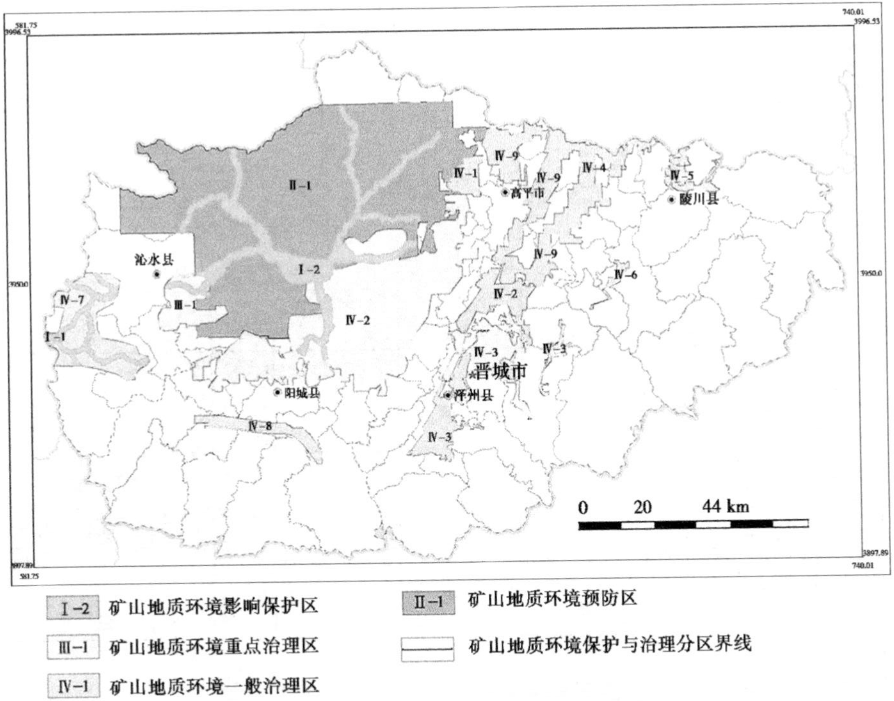

Ⅰ-2 矿山地质环境影响保护区

Ⅱ-1 矿山地质环境预防区

Ⅲ-1 矿山地质环境重点治理区

矿山地质环境保护与治理分区界线

Ⅳ-1 矿山地质环境一般治理区

图 7-1　矿山地质环境保护与治理分区示意图

Ⅰ-2 区),两个亚区均位于沁水县西部,沿 S80 阳冀高速公路、S334 省道重要交通干线两侧的范围,位于国家和地方政府规定的矿产资源禁采区。

(二)矿山地质环境预防区

沁水县—中村镇—土沃乡矿山地质环境预防区,主要矿产资源为煤层气,面积 1 438.12 km^2。该区域各类地质灾害不发育,未发现探矿活动对含水层、地形地貌景观、土地资源的破坏。但随着矿产资源的开发,容易引发一系列矿山地质环境问题,造成较大生态环境破坏,危害到人居环境、生态环境、工农业生产和经济的发展。

预防措施:矿山企业严格按照国土资源行政主管部门颁发的采矿许可证划定的开采范围进行开采,严禁越界开采。按照矿产资源开发利用规划,合理布置开采区;推行矿产资源最低开采规模制度,从资源量、勘查程度、生态环境保护、规划等严格新建矿山企业准入条件,提高矿产资源采选冶加工水平,提高矿产资源综合利用水平,加强共伴生矿产资源开发利用,提高矿产资源回采率、选冶回收率、资源的利用率,加强尾矿、废石等废弃物的综合利用,充分利用尾矿进行矿山采空区回填、土地复垦回填、生态恢复治理,提高矿产资源节约与综合利用指标,加强制度建设,严格执行矿山地质环境恢复治理保证制度,最大限度地保护矿山地质环境。对地质环境进行监测。

(三)矿山地质环境治理区

矿山地质环境治理区分为矿山地质环境重点治理区(Ⅲ区)与矿山地质环境一般治理区(Ⅳ区),其中重点治理区细分为 3 个亚区,一般治理区细分为 9 个亚区,现分述如下。

1. 矿山地质环境重点治理区(Ⅲ区)

(1)沁水县—龙港镇以南、阳城县—羊泉以北重点治理区(Ⅲ-1 区)。

分布于沁水县—龙港镇以南、阳城县—羊泉以北的范围,主要为煤矿开采区(井工开采),面积 79.99 km^2。共涵盖煤矿 9 座。该区由于煤矿的开采,地质灾害较发育,对地形地貌景观、含水层影响严重,对其范围内的村庄居民生命财产危害、威胁较大。

(2)沁水县—端氏镇—嘉峰镇—郑村镇—胡底乡、阳城县—町店镇—西河乡、高平市—原村乡、泽州县—下村镇—川底乡重点治理区(Ⅲ-2 区)。

分布于沁水县—端氏镇—嘉峰镇—郑村镇—胡底乡、阳城县—町店镇—西河乡、高平市—原村乡、泽州县—下村镇—川底乡的范围,主要为煤矿开采区(井工开采),少部分为非煤矿山(露天开采),面积 750.42 km^2。共涵盖煤矿 59 座、砖瓦用砂岩矿 1 座、陶瓷黏土矿 2 座、铁矿 10 座。该区由于煤矿的开采,地质灾害较发育,对地形地貌景观、含水层影响严重,对其范围内的村庄居民生命财产危害、威胁较大;非煤矿山均为露天开采,矿业开发活动对地形地貌及土地资源破坏严重。

(3)城区—北石店镇、金村镇重点治理区(Ⅲ-3 区)。

分布于城区—北石店镇、金村镇的范围,主要为煤矿开采区(井工开采),少部分为非煤矿山(露天开采),面积 106.42 km^2。共涵盖煤矿 38 座,灰岩矿 78 座,硫铁矿 8 座。该区由于煤矿的开采,地质灾害较发育,对地形地貌景观、含水层影响严重,对其范围内的村庄居民生命财产危害、威胁较大;非煤矿山均为露天开采,矿业开发活动对地形地貌及土地资源破坏严重。

2. 矿山地质环境一般治理区(Ⅳ区)

(1)高平市—寺庄镇以西矿山地质环境一般治理区(Ⅳ-1 区)。

分布于高平市—寺庄镇以西的范围。涵盖 4 座煤矿,面积 31.59 km^2。该区由于煤矿的开采,地质灾害较发育,对地形地貌景观、含水层影响较严重,对其范围内的村庄居民生命财产危害、威胁较大;非煤矿山均为露天开采,矿业开发活动对地形地貌及土地资源破坏程度较大。

(2)泽州县—巴公镇—北义城镇矿山地质环境一般治理区(Ⅳ-2区)。

分布于泽州县—巴公镇—北义城镇的范围。涵盖14座煤矿,7座硫铁矿,14座灰岩矿,面积75.77 km^2。该区由于煤矿的开采,地质灾害较发育,对地形地貌景观、含水层影响较严重,对其范围内的村庄居民生命财产危害、威胁较大;非煤矿山均为露天开采,矿业开发活动对地形地貌及土地资源破坏程度较大。

(3)泽州县—南村镇—犁川镇矿山地质环境一般治理区(Ⅳ-3区)。

分布于泽州县—南村镇—犁川镇的范围。涵盖19座煤矿,26座硫铁矿,32座灰岩矿,面积82.20 km^2。该区由于煤矿的开采,地质灾害较发育,对地形地貌景观、含水层影响较严重,对其范围内的村庄居民生命财产危害、威胁较大;非煤矿山均为露天开采,矿业开发活动对地形地貌及土地资源破坏程度较大。

(4)高平市—建宁乡、陵川县礼义镇—杨村镇矿山地质环境一般治理区(Ⅳ-4区)。

分布于高平市—建宁乡、陵川县礼义镇—杨村镇的范围。涵盖10座煤矿,面积80.35 km^2。该区由于煤矿的开采,地质灾害较发育,对地形地貌景观、含水层影响较严重,对其范围内的村庄居民生命财产危害、威胁较大;非煤矿山均为露天开采,矿业开发活动对地形地貌及土地资源破坏程度较大。

(5)陵川县—平城镇—秦家庄乡矿山地质环境一般治理区(Ⅳ-5区)。

分布于陵川县—平城镇—秦家庄乡的范围。涵盖11座煤矿,1座硫铁矿,5座灰岩矿,1座砖瓦用页岩矿,面积31.00 km^2。该区由于煤矿的开采,地质灾害较发育,对地形地貌景观、含水层影响较严重,对其范围内的村庄居民生命财产危害、威胁较大;非煤矿山均为露天开采,矿业开发活动对地形地貌及土地资源破坏程度较大。

(6)陵川县—附城镇—西河底镇矿山地质环境一般治理区(Ⅳ-6区)。

分布于陵川县—附城镇—西河底镇的范围。涵盖 3 座煤矿,2 座硫铁矿,4 座铁矿,面积 9.64 km^2。该区由于煤矿的开采,地质灾害较发育,对地形地貌景观、含水层影响较严重,对其范围内的村庄居民生命财产危害、威胁较大;非煤矿山均为露天开采,矿业开发活动对地形地貌及土地资源破坏程度较大。

(7)沁水县—中村镇—土沃乡一般治理区(Ⅳ-7 区)。

分布于沁水县—中村镇—土沃乡的范围,主要为煤矿开采区(井工开采),少部分为非煤矿山(露天开采),面积 196.17 km^2。共涵盖煤矿 9 座、石灰岩矿山 4 座、砂岩矿 1 座、铁矿 4 座。该区由于煤矿的开采,地质灾害较发育,对地形地貌景观、含水层影响严重,对其范围内的村庄居民生命财产危害、威胁较大;非煤矿山均为露天开采,矿业开发活动对地形地貌及土地资源破坏严重。

(8)阳城县—河北镇—驾岭乡以北一般治理区(Ⅳ-8 区)。

分布于阳城县—河北镇—驾岭乡以北的范围,面积 53.06 km^2。共涵盖煤矿 2 座、铝土矿 1 座、陶瓷黏土矿 1 座、灰岩矿 2 座。该区由于煤矿的开采,对地形地貌景观、含水层影响严重,对其范围内的村庄居民生命财产危害、威胁较大;非煤矿山均为露天开采,矿业开发活动对地形地貌及土地资源破坏严重。

(9)高平市—永录乡—河西镇—米山镇一般治理区(Ⅳ-9 区)。

分布于高平市—永录乡—河西镇—米山镇的范围,主要为煤矿开采区(井工开采),少部分为非煤矿山(露天开采),面积 238.64 km^2。共涵盖煤矿 18 座,灰岩矿 3 座,硫铁矿 5 座。该区由于煤矿的开采,地质灾害较发育,对地形地貌景观、含水层影响严重,对其范围内的村庄居民生命财产危害、威胁较大;非煤矿山均为露天开采,矿业开发活动对地形地貌及土地资源破坏严重。

三、治理规划建议及投资估算

根据晋城市人民政府和国土资源局的统一部署规划,晋城市 2018~2022 年主要治理工程名称、工程内容及费用估算见表 7-3。

表 7-3　晋城市 2018~2022 年矿山地质环境治理工程规划

序号	治理工程名称	所在行政区	治理对象	治理面积（km^2）	主要工作量	投资估算（万元）	筹措方式	时间安排	说明
1	环城高速公路西段沿线废弃采石场生态保护修复工程	城区	废弃采石场	0.977 6	危岩清理、浆砌石、绿化	17 886.3	财政投资	2018~2020 年	晋城环城高速沿线可视范围内
2	晋城东站(高铁)废弃矿山生态恢复治理	晋城市泽州县	废弃矿山露天开采区及工业广场	0.36	坡面岩石覆绿 0.14 km^2，平地土地复垦 0.22 km^2	9 800	财政投资	2018~2020 年	拟建高铁站和高铁沿线可视范围区
3	高平市神农镇羊头山风景区矿山地质环境治理工程	高平市	灭失煤矿塌陷区	4.78	采空区治理 117 050 m^2，边坡治理 12 000 m^3，矿山绿化等	7 500	财政投资	2019 年	
4	山西省高平市米山镇七佛山风景区矿山地质环境治理项目	高平市东城办、南城办	七佛山风景区	6	采空区治理 100 000 m^2，边坡治理、矿山绿化等	5 000	财政投资	2018~2022 年	风景名胜区
5	陵川县六泉乡铁矿开采区治理项目	崇文镇、六泉乡、平城镇	地貌景观恢复	0.251 6	破坏面积为 0.251 6 km^2，其中清理废渣 94 010.47 m^3，边坡清理 6 050 m^3，运进填土 67 953.84 m^3，覆土 99 437.25 m^3，修筑石坎水平梯 17.48 hm^2，植苗 2 274.66 株	1 236.36	财政投资	2018~2022 年	六泉乡辽池铁矿、大王铁矿、西井头铁矿、崇文镇赵漳水铁矿、平城镇张寸铁矿

第四节　保护与治理对策建议

一、矿山地质灾害

(一)矿山崩塌、滑坡、泥石流灾害及隐患

本次调查发现崩塌19处,其中城区2处、泽州县17处,直接经济损失13万元;滑坡5处,其中沁水县1处、泽州县4处,直接经济损失100万元;共造成经济损失113万元,未发现泥石流地质灾害。地质灾害规模均为小型,建议采取的措施为工程监测、避让措施。如果灾害的稳定性有所降低,建议修建挡土墙的工程措施进行治理。

(二)地面塌陷及伴生裂缝

本次调查发现塌陷坑数量416处,裂缝数量1 998条,塌陷面积12 895.60 hm^2,地裂缝面积2 366.73 hm^2,破坏农田79 375.5亩,破坏房屋4 834间,直接经济损失24 639.82万元。地面塌陷、地裂缝治理措施:轻度、中度裂缝可直接用土填充,直接将裂缝两侧的土填入裂缝即可。严重裂缝区域需先填入煤矸石,再将裂缝两侧表土填入,恢复土地的使用功能。根据调查数据统计,地面塌陷、地裂缝可恢复为耕地的面积约为5 262.34 hm^2,恢复为林地的面积约为4 359.03 hm^2。

二、含水层影响和破坏

根据调查结果,矿山年产出废水废液8 508.74万t。根据调查访问,废水废液的利用方向包括生活用水如防尘洒水、道路洒水、消防用水、绿化用水,工业用水如电厂、冶炼厂等用水,年综合利用量6 119.58万t,未利用的废水废液2 389.16万t。部分煤矿由于净水设备达不到设计生产规模,导致废水废液直接排放到环境中,对周围的地质环境产生一定的影响,建议煤矿等相关企业加

大环保投入,购入相关的净水设备,使废水废液都能达标排放。

三、地形地貌及土地资源的破坏

晋城市采矿活动破坏的土地资源约 21 635.76 hm^2,按照破坏地类来分,其中破坏草地 3 610.52 hm^2,耕地 6 862.31 hm^2,林地 5 448.40 hm^2,园地 615.41 hm^2,建筑 1 017.69 hm^2,其他地类为 4 081.42 hm^2。根据采矿活动对土地破坏的性质,在矿山开采过程中,工业广场、废土堆、排土场地势相对平坦,对土地的破坏程度较轻—较严重,恢复成耕地的可能性较大,面积约 2 213.23 hm^2;露天采场、露天采坑、煤矸石堆根据当地植被特征,进行回填、整平、覆土后,种植侧柏、榆树等耐寒植物后,可恢复成林地,面积 2 743.09 hm^2。

四、废水废液及固体废弃物

(一)选矿废水

根据调查结果,矿山年产出选矿废水 25 万 t,产出的废水经过处理后,用于防尘洒水、道路洒水、消防用水、绿化用水等方面,利用量为 15 万 t,未利用量为 10 万 t。建议购买先进的选矿设备,提高选矿废水的综合利用率,保护水资源。

(二)固体废弃物

晋城市固体废弃物年产出量为 847.32 万 t,年利用量为 406.76 万 t,未利用量为 440.56 万 t。固体废弃物年积存量为 4 578.18 万 t。固废利用的方向包括:建设新型墙体材料,利用煤矸石制砖,利用煤矸石与其他材料混合作为路基填层,利用煤矸石进行填沟造地,植树造林,治理荒沟等。

部分煤矿开采历史较长,煤矸石积存量较大,未综合利用,短期内建议对煤矸石填入荒沟,回填造林,煤矸石回填前对底部铺设 0.5 m 厚的隔水层,避免雨水淋滤对地下水造成二次污染。

第八章　结论与建议

第一节　结　论

一、晋城市矿山资源调查统计

晋城市录入矿山 514 座，矿区面积 4 002.95 km^2，采空区面积 528.91 km^2。其中，煤矿 218 座，矿区面积 1 869.46 km^2，煤矿采空区面积 514.11 km^2，塌陷区面积 152.62 km^2；非煤矿山 296 座，矿区面积 2 106.49 km^2，非煤矿山采空区投影面积 14.8 km^2。

按生产状态划分，全市生产矿山 111 座，基建矿山 85 座，停产矿山 0 座，关闭矿山（包括闭坑、关闭、政策性关闭）262 座，废弃矿山 56 座；其中煤矿生产矿山 80 座，基建矿山 56 座，闭坑矿山 2 座，关闭矿山（包括闭坑、关闭、政策性关闭）54 座，废弃矿山 26 座。

其中煤矿 218 座，按生产状态划分，生产矿山 80 座，矿区面积 1 006.55 km^2，采空区面积 319.24 km^2；基建矿山 56 座，面积 736.54 km^2，采空区面积 125.2 km^2；闭坑矿山 2 座，面积 15.33 km^2，采空区面积 9.31 km^2；关闭矿山（包括闭坑、关闭、政策性关闭）54 座，面积 101.75 km^2，采空区面积 60.08 km^2；废弃矿山 26 座，面积 9.28 km^2，采空区面积 0.29 km^2，矿区总面积为 1 869.46 km^2，采空区总面积 214.11 km^2。

非煤矿山中煤层气矿 9 座，均为基建矿山，矿区面积 2 092.47 km^2，采空区面积 0 km^2。

二、晋城市主要矿山地质环境问题

(一)地质灾害情况

晋城市矿山地质灾害及隐患点共计 2 510 处(已发生 2 438 处,隐患点 72 处),其中崩塌 76 处(已发生 19 处,隐患点 57 处);滑坡 16 处(已发生 5 处,隐患点 11 处);泥石流隐患点 4 处;地面塌陷、地裂缝 584 处。

各类矿山地质灾害造成的直接经济损失 24 752.82 万元,损毁房屋 4 868 间,威胁人数 583 人,威胁财产 3 959 万元。

其中崩塌地质灾害及隐患点共计造成人员死亡 0 人,损毁房屋 28 间,直接经济损失 13 万元,威胁人数 468 人,威胁财产 2 851 万元。

滑坡地质灾害及隐患点共计造成人员死亡 0 人,损毁房屋 6 间,直接经济损失 100 万元,威胁人数 99 人,威胁财产 843 万元。

泥石流隐患点威胁人数 16 人,威胁财产 265 万元。

地面塌陷及地裂缝地质灾害造成人员死亡 0 人,损毁房屋 4 834 间,直接经济损失 24 639.82 万元。

(二)含水层影响和破坏

根据调查结果,晋城市由于矿业开发活动,导致地下水位下降,下降面积达 63 124.51 hm^2。

(三)地形地貌景观破坏

晋城市采矿活动共计破坏各类土地 21 635.76 hm^2,其中破坏林地 5 448.39 hm^2,草地 3 610.52 hm^2,耕地 6 862.32 hm^2,园地 615.41 hm^2,建筑 1 017.69 hm^2,其他 4 081.42 hm^2。

地面塌陷破坏各类土地面积 12 895.60 hm^2,其中破坏林地 3 182.14 hm^2,草地 1 965.20 hm^2,耕地 4 672.49 hm^2,园地 516.22 hm^2,建筑 470.59 hm^2,其他 2 088.95 hm^2。

地裂缝破坏各类土地面积 2 366.73 hm^2,其中破坏林地

1 176.89 hm^2，草地 352.52 hm^2，耕地 619.21 hm^2，园地 66.26 hm^2，建筑 24.24 hm^2，其他 127.62 hm^2。

崩塌破坏各类土地面积 1.66 hm^2，其中破坏林地 0 hm^2，草地 0 hm^2，耕地 0.13 hm^2，园地 0 hm^2，建筑 0.03 hm^2，其他 1.49 hm^2。

滑坡破坏各类土地面积 4.92 hm^2，其中破坏林地 2.69 hm^2，草地 1.36 hm^2，耕地 0 hm^2，园地 0 hm^2，建筑 0.09 hm^2，其他 0.79 hm^2。

露天采场破坏各类土地面积 790.91 hm^2，其中破坏林地 86.17 hm^2，草地 320.19 hm^2，耕地 66.77 hm^2，园地 1.53 hm^2，建筑 26.62 hm^2，其他 289.64 hm^2。

废石场堆 49 处，破坏各类土地面积 53.55 hm^2，其中破坏林地 5.49 hm^2，草地 28.89 hm^2，耕地 8.42 hm^2，园地 0 hm^2，建筑 1.81 hm^2，其他 8.95 hm^2。

尾矿库 1 处，破坏各类土地面积 3.48 hm^2，其中破坏林地 0 hm^2，草地 3.48 hm^2，耕地 0 hm^2，园地 0 hm^2，建筑 0 hm^2，其他 0 hm^2。

煤矸石堆 82 处，破坏各类土地面积 529.87 hm^2，其中破坏林地 60.67 hm^2，草地 201.75 hm^2，耕地 142.21 hm^2，园地 8.35 hm^2，建筑 13.67 hm^2，其他 103.21 hm^2。

其他类型破坏各类土地面积 2 814.35 hm^2，其中破坏林地 864.41 hm^2，草地 464.05 hm^2，耕地 1 039.42 hm^2，园地 17.65 hm^2，建筑 9.28 hm^2，其他 419.55 hm^2。

工业广场占用各类土地面积 2 159.67 hm^2，其中破坏林地 69.95 hm^2，草地 272.43 hm^2，耕地 299.32 hm^2，园地 5.40 hm^2，建筑 471.37 hm^2，其他 1 041.21 hm^2。

土壤污染面积 15.01 hm^2，其中破坏林地 0 hm^2，草地 0.65 hm^2，耕地 14.36 hm^2，园地 0 hm^2，建筑 0 hm^2，其他 0 hm^2。

（四）废水废液及固体废弃物

晋城市矿山年产出废水废液 8 508.74 万 t，年排放 2 389.16 万 t。其中，矿坑水年产出 7 181.81 万 t，年排放 2 028.63 万 t；生活废水年产出 1 247.93 万 t，年排放 350.53 万 t；选矿废水年产出 25 万 t，年排放 10 万 t；洗煤水年产出 54 万 t。

晋城市固体废弃物年积存量为 4 578.18 万 t，年产出量为 847.32 万 t，年利用量 406.73 万 t，其中废石（土）渣累计积存 27.9 万 t，年产出 45.38 万 t，年利用 17.9 万 t；煤矸石累计积存 4 549.56 万 t，年产出 800.64 万 t，年利用 370.31 万 t；尾矿累计积存 0 t，年产出 1 万 t，年利用 1 万 t。

三、生产、在建、停产矿山地质环境问题

（一）地质灾害

1. 崩塌、滑坡

本次调查发现崩塌 12 处，发生在泽州县境内，直接经济损失 5 万元，破坏房屋 20 间，影响面积 1.5 hm^2，规模均为小型。12 处崩塌中 7 处边坡岩性为人工岩质崩塌，5 处边坡岩性为自然岩质崩塌，崩塌类型均为倾倒型。

滑坡 5 处，滑坡隐患 9 处，其中沁水县 1 处（隐患 5 处），泽州县 4 处，高平隐患 3 处，城区隐患 1 处，直接经济损失 100 万元，破坏房屋 6 间。

2. 地面塌陷、地裂缝

本次调查生产、在建矿山共形成地面塌陷、地裂缝 537 处。塌陷面积 11 526.883 7 hm^2，地裂缝面积 2 336.726 3 hm^2，面积共 13 893.61 hm^2。破坏农田 45 846.33 亩，破坏房屋 2 351 间，直接经济损失 16 853.21 元。

（二）含水层影响与破坏

晋城市由于矿业开发活动造成地下含水层下降，下降面积

62 759. 81 hm^2,主要含水层为二叠系、石炭系煤地层,含水层包括二叠系、石炭系碎屑岩类裂隙含水层和奥陶系碳酸盐岩岩溶裂隙含水层。

(三)地形地貌景观破坏

全区内由于生产、在建矿山开采占用破坏的土地资源约18 869. 63 hm^2。按照破坏方式来分,本次发生崩塌13处,崩塌破坏土地0. 54 hm^2;地裂缝1 998条,破坏土地2 366. 73 hm^2; 地面坍塌345处,破坏土地11 527. 09 hm^2;废石(土、渣)堆场32个,破坏土地33. 56 hm^2; 工业广场128处,破坏土地1 939. 16 hm^2;滑坡3处,破坏土地4. 57 hm^2; 露天采场54处,破坏土地178. 56 hm^2;煤矸石堆77个,破坏土地528. 47 hm^2; 其他破坏土地2 290. 95 hm^2, 污染土地15. 01 hm^2。

按照破坏地类来分,其中破坏草地3 307. 99 hm^2,耕地5 784. 07 hm^2,林地5 275. 15 hm^2,园地610. 46 hm^2,建筑784. 18 hm^2,其他地类为3 107. 78 hm^2。

(四)废水废液、固体废弃物

根据本次调查结果,生产、在建矿山年产出废水废液8 278. 44万t,年排放废水废液2 360. 56万t,其中矿坑排水总量为7 181. 81万t。

四、闭坑、废弃矿山地质环境问题

(一)矿山地质灾害及危害

1. 崩塌

本次调查发现闭坑、废弃矿山崩塌5处,其中2处发生在城区,3处发生在泽州县境内,直接经济损失3万元,破坏房屋20间,影响面积0. 155 hm^2,规模均为小型。

2. 地面塌陷、地裂缝

本次调查闭坑、关闭矿山共发现地面塌陷47处,塌陷面积

3 734.68 hm^2,破坏农田33 517.1亩,破坏房屋2 483间,直接经济损失7 786.61元。

(二)含水层影响与破坏

晋城市闭坑、废弃矿山由于矿业开发活动造成地下含水层下降,下降面积7 869.50 hm^2,主要含水层为二叠系、石炭系煤地层,含水层包括二叠系、石炭系碎屑岩类裂隙含水层和奥陶系碳酸盐岩岩溶裂隙含水层。

(三)地形地貌景观破坏

闭坑、废弃矿山开采占用破坏的土地资源约2 766.12 hm^2。按照破坏方式来分,崩塌破坏土地1.12 hm^2,地面坍塌破坏土地1 368.51 hm^2,废石(土、渣)堆场破坏土地20.00 hm^2,工业广场破坏土地220.51 hm^2,滑坡破坏土地0.35 hm^2,露天采场破坏土地612.35 hm^2,煤矸石堆破坏土地1.40 hm^2,其他破坏土地538.40 hm^2,尾矿库3.48 hm^2。

按照破坏土地地类来分,其中破坏草地302.52 hm^2,耕地1 078.25 hm^2,林地173.25 hm^2,园地4.95 hm^2,建筑233.50 hm^2,其他地类为973.65 hm^2。

(四)废水废液、固体废弃物

根据调查结果,城区闭坑、废弃矿山年产出废水废液230.3万t,其他县区为0 t;城区闭坑、废弃矿山年排放废水废液28.6万t,其他县区为0 t。

晋城市关闭、闭坑、废弃矿山固体废弃物累计积存共761.92万t,其中城区760.15万t,泽州县1.77万t。晋城闭坑、废弃矿山固体废弃物年产出量和利用量均为0 t。

五、历史遗留问题

(一)2006年前发生的地质环境问题

1.矿山地质灾害及危害

根据本次调查,2006年前发现地面塌陷27处,地面塌陷面积

929.64 hm^2。由于地面塌陷、地裂缝破坏农田 13 944.60 亩，破坏房屋 242 间。直接经济损失 1 346.50 万元。

2. 地形地貌景观破坏

根据本次调查，2006 年前由于采矿活动破坏土地面积 1 334.07 hm^2。

按照破坏方式来分：地裂缝 26 条，破坏土地面积 96 hm^2；地面塌陷 22 处，破坏土地面积 833.64 hm^2；露天采场 78 个，破坏土地面积 303.93 hm^2；煤矸石堆 17 处，破坏土地面积 97.02 hm^2；尾矿库 1 处，破坏土地面积 3.48 hm^2。

按照破坏地类划分，其中破坏草地 348.50 hm^2，耕地 155.89 hm^2，林地 315.89 hm^2，园地 11.73 hm^2，建筑 109.23 hm^2，其他地类为 392.82 hm^2。

3. 含水层影响和破坏

2006 年前，晋城市由于矿业开发活动造成地下含水层下降，下降面积 42 924.60 hm^2，主要含水层为二叠系、石炭系煤地层，含水层包括二叠系、石炭系碎屑岩类裂隙含水层和奥陶系碳酸盐岩岩溶裂隙含水层。

4. 固体废弃物

2006 年前，晋城市由于矿业开发活动，固体废弃物积存量为 1 437.41 万 t，其中废渣 5.67 万 t，煤矸石 1 431.74 万 t。

（二）2006~2014 年发生的地质环境问题

1. 矿山地质灾害及危害

2006~2014 年，调查发现崩塌 17 处，分布面积 1.495 0 hm^2，破坏房屋 28 间，直接经济损失 8 万元；滑坡 5 处，分布面积 4.92 hm^2，破坏房屋 6 间，直接经济损失 100 万元。

本次调查发现地面塌陷共计 351 处，塌陷面积 96.994 3 km^2。由于地面塌陷、地裂缝破坏农田 50 843 亩，破坏房屋 2 936 间，直接经济损失 17 594.58 万元。

2. 地形地貌景观破坏

根据本次调查,2006~2014 年由于采矿活动破坏土地面积 16 049.47 hm^2。

按照破坏方式来分:其中崩塌 17 处,破坏土地面积 1.50 hm^2;地裂缝 1 353 条,破坏土地面积 1 308.94 hm^2;地面塌陷 291 处,破坏土地面积 8 390.50 hm^2;废石堆 49 处,破坏土地面积 53.55 hm^2;工业广场 145 处,破坏土地面积 2 159.67 hm^2;滑坡 5 处,破坏土地面积 4.92 hm^2;露天采场 122 个,破坏土地面积 486.98 hm^2;煤矸石堆 65 处,破坏土地面积 432.85 hm^2。

按照破坏地类划分,其中破坏草地 2 067.53 hm^2,耕地 4 853.33 hm^2,林地 4 416.03 hm^2,园地 393.11 hm^2,建筑 856.09 hm^2,其他地类为 3 020.36 hm^2。

3. 含水层影响和破坏

2006~2014 年,晋城市由于矿业开发活动造成地下含水层下降,下降面积 13 256.20 hm^2,主要含水层为二叠系、石炭系煤地层,含水层包括二叠系、石炭系碎屑岩类裂隙含水层和奥陶系碳酸盐岩岩溶裂隙含水层。

4. 固体废弃物

2006~2014 年,晋城市由于矿业开发活动,固体废弃物积存量为 2 775.80 万 t,其中废渣 18.88 万 t,煤矸石 2 756.20 万 t,其他 0.72 万 t。

(三)2014 年后发生的地质环境问题

1. 矿山地质灾害及危害

2014 年后,调查发现崩塌 2 处,分布面积 0.16 hm^2,直接经济损失 5 万元;发现地面塌陷共计 206 处,塌陷面积 46.329 3 km^2。地面塌陷、地裂缝破坏农田 14 587.90 亩,破坏房屋 1 656 间,共造成经济损失约 5 698.74 万元。

2. 地形地貌景观破坏

根据本次调查，2014 年后，由于采矿活动破坏土地面积 4 695.26 hm^2。

按照破坏方式来分，其中崩塌 2 处，破坏土地面积 0.16 hm^2；地裂缝 619 条，破坏土地面积 961.83 hm^2；地面塌陷 103 处，破坏土地面积 3 671.42 hm^2；其他破坏土地面积 46.84 hm^2。

按照破坏地类划分，其中破坏草地 1 194.48 hm^2，耕地 18 53.11 hm^2，林地 716.49 hm^2，园地 210.57 hm^2，建筑 52.38 hm^2，其他地类为 668.23 hm^2。

3. 含水层影响和破坏

2014 年后，晋城市由于矿业开发活动造成地下含水层下降，下降面积 6 943.71 hm^2，主要含水层为二叠系、石炭系煤地层，含水层包括二叠系、石炭系碎屑岩类裂隙含水层和奥陶系碳酸盐岩岩溶裂隙含水层。

4. 固体废弃物

2014 年后，晋城市由于矿业开发活动，固体废弃物积存量为 364.97 万 t，其中废渣 3.35 万 t，煤矸石 361.62 万 t。

截至 2016 年底，晋城市共计投入矿山地质环境治理资金 77 464.36 万元，资金来源为中央财政 400 万元，地方财政 208.74 万元，其他 1 778.77 万元，矿山自筹 75 076.85 万元，治理面积 9 790.16 hm^2，主要治理对象为不稳定边坡、地面塌陷、地裂缝、煤矸石堆。

根据晋城市内矿产开发利用强度、矿山地质环境影响程度等因素，结合各矿山分布位置及矿山采矿活动影响范围、矿山环境问题的分布及破坏程度，将晋城市境内采矿活动对矿山地质环境影响程度分为严重影响区（A 区），面积 1 424.70 km^2（细分为 6 个亚区）、较严重影响区（B 区），面积 310.55 km^2（细分为 6 个亚区）和轻微影响区（C 区），面积 1 646.77 km^2。

参考全市矿山地质环境影响程度分区，将矿山地质环境治理分区划分为三个区，即矿山地质环境保护区、矿山地质环境预防区与矿山地质环境治理区，其中矿山地质环境保护区分两个亚区（Ⅰ-1区、Ⅰ-2区），矿山地质环境预防区只分为一个区（Ⅱ-Ⅰ区）矿山地质环境治理区分为矿山地质环境重点治理区（分为3个亚区）和矿山地质环境一般治理区（分为9个亚区）。

第二节　问题及建议

一、本次工作存在的主要问题

本次晋城市矿山地质环境调查工作，是晋城市矿山地质环境调查工作的子项目，晋城市作为全省矿山地质环境调查工作的试点之一。该项目时间紧、任务重、涉及面广、调查矿山众多，且无前人经验可循，工作难度相对较大，主要存在以下问题：

（1）闭坑矿山因时间较长，现场寻觅无果，开展调查工作难度大。尤其是部分煤矿，闭坑已经有10多年了，原国土所包矿责任人轮换多次，现井口位置难寻，有些已经被填埋，有些被其他公司或当地村民占用，影响范围广，矿山地质环境问题复杂，调查难度相当大。

（2）本次矿山调查工作时间紧、任务重，调查精度难免不足，同时未完成水样、土样的取样工作。

（3）个别矿山对该项矿山调查工作不够重视，配合度不够，不愿意将产生的矿山地质环境问题如实反映等因素，增加了矿山调查的难度。

（4）因收集的资料及图件部分为纸介质，矿山现状图多数需要矢量化，且反映的内容较丰富，所以其工作量相当大。

二、今后工作建议

（1）本次工作为在建、生产及闭坑矿山建立了一套完整的矿山档案，同时为主管部门建立了一套比较完善的信息系统，便于对矿山地质环境的监管。未来工作中，宜通过实践操作，进一步完善该系统。

（2）不自觉的矿山开采行为，以及原来遗留下来的矿山地质环境问题，在区内脆弱的矿山地质条件下，一些潜在的及未来的矿山地质环境问题还有可能加剧，因此主管部门要适当投入人力对其监管。对在建、生产矿山而言，要切实做到"三同时"建设，多自筹资金对已产生的矿山地质环境问题进行治理；而对已闭坑多年的矿山，政府及主管部门要争取立项，将下拨资金投放到当地最应该解决的民生问题上，维护社会的稳定。

（3）部分矿山地质环境问题严重的矿山企业，为避免承担责任而拒绝承认自身地质环境问题的存在，建议明确本次矿山调查的成果不作为划分责任和鉴定的依据。